材料科学与工程实验

主　编　高俊阔　王旭生
副主编　陆潇晓　段　星

中国建材工业出版社
北　京

图书在版编目（CIP）数据

材料科学与工程实验 / 高俊阔，王旭生主编. — 北京：中国建材工业出版社，2024.2
ISBN 978-7-5160-3882-6

Ⅰ．①材… Ⅱ．①高… ②王… Ⅲ．①材料科学—实验 Ⅳ．①TB3－33

中国国家版本馆 CIP 数据核字（2023）第 220724 号

材料科学与工程实验

CAILIAO KEXUE YU GONGCHENG SHIYAN

主　编　高俊阔　王旭生
副主编　陆潇晓　段　星

出版发行：中国建材工业出版社
地　　址：北京市海淀区三里河路 11 号
邮　　编：100831
经　　销：全国各地新华书店
印　　刷：北京雁林吉兆印刷有限公司
开　　本：787mm×1092mm　1/16
印　　张：12.25
字　　数：270 千字
版　　次：2024 年 2 月第 1 版
印　　次：2024 年 2 月第 1 次
定　　价：46.00 元

_____

本社网址：www. jccbs. com，微信公众号：zgjcgycbs
请选用正版图书，采购、销售盗版图书属违法行为

编　委　会

前　言

　　《材料科学与工程实验》是材料科学与工程专业本科生的必修实践课程。其教学任务是使学生通过实验环节，加深理解专业基础课中的基本概念、重点和难点内容，增加自己思考设计实验、动手完成实验的机会，将学到的基础知识及专业知识灵活地应用到实验设计中去，培养学生的实践动手、分析和解决问题以及科学创新等综合能力和素质。

　　本书注重多种材料分析测试技术的原理及应用，学生通过本课程的学习，可以巩固和深化课堂教学学到的知识，同时加强材料科学基本实验技能的训练。书中在常规的验证性实验基础上，引入了材料的性能测试和分析实验，进一步设置了新型材料制备实验，这不仅能使学生建立材料科学与工程的完整知识体系，还有助于培养学生的创新意识和创新能力。其主要章节内容包括实验室安全、测试表征实验、综合实验三大部分。

　　本书也可作为研究生和本专业相关研究人员的工具书。

　　因时间仓促，书中内容仍存在不少缺陷和不足，希望广大师生提出宝贵意见。

编　者

2023 年 5 月

目　录

第一章 实验室安全

第一节 实验室安全规范

一、用电安全

1. 使用前，应先检查电源开关、设备等是否完好。如有故障，应先排除后，方可接通电源。

2. 使用电子仪器设备时，应先了解其性能，按操作规程进行操作，若电器设备发生过热或有焦糊味时，应立即切断电源。

3. 人员较长时间离开房间或电源中断时，要切断电源开关，尤其是要注意切断加热电器设备的电源开关。

4. 各类加热设备、卷轴设备的棒端，应设安全罩。应加接地线的设备，要妥善接地，防止触电事故。

5. 注意保持电线和电器设备的干燥，防止线路和设备受潮漏电。

6. 实验室内不应有裸露的电线头，不得使用花线或没有保护层的单层电缆线；电源开关箱不能遮挡，周围不准堆放易燃物。

7. 要警惕实验室内发生电火花或静电，尤其在使用可能构成爆炸混合物的气体时，更需注意。如遇电线走火，切勿用水或泡沫灭火器灭火，应切断电源，用砂、二氧化碳或干粉灭火器灭火。

8. 非专业电工，不得擅自改动电器设施，随意拆修电器设备。

9. 使用高压电力时，应遵守安全规定，穿戴好绝缘胶鞋、手套，或用安全杆操作。

10. 有人触电时，应立即切断电源或用绝缘物体将电线与人体分离后，再实施抢救。

二、防火规范

1. 以防为主，杜绝火灾隐患。了解易燃易爆物品及消防安全知识，遵守相关消防规定。

2. 在实验室内、过道等处，须常备有适宜的灭火材料，如消防砂、石棉布、灭火毯及各类灭火器等，消防砂要保持干燥。

3. 电线及电器设备起火时，必须先切断电源开关，再用干粉灭火器灭火（不许用水或泡沫灭火器）。

4. 人员衣服着火时，立即用灭火毯子之类物品蒙盖在着火者身上灭火，必要时也可用水扑灭，切忌慌张跑动，避免因气体流动使火焰增大。

5. 加热试样或实验过程中小范围起火时，应立即用灭火毯或湿抹布等扑灭明火，拔电源插头，关闭总电闸、气阀等。易燃液体（多为有机物）或遇水反应的固体着火时，切不可用水去浇。范围较大的火情，应立即用消防砂、干粉灭火器扑灭。精密仪器起火，应用二氧化碳灭火器灭火。

三、化学试剂使用安全规范

1. 化学试剂要严格按类存放保管、使用，并按规定妥善处理剩余或废旧试剂；管制类化学品须专人管理，上锁保管，填写使用记录。

2. 实验时尽量采用无毒或低毒物质，或采用完善的实验方案、设施、工艺来避免在实验过程中扩散有毒物质。

3. 实验室应装通风橱，在使用大量易挥发毒物的实验室，应装设排风扇等强化通风设备，必要时可安装吸收处理装置，减少毒物在室内逸出。

4. 穿戴好防护物品，遵守防护规程，禁止在实验室内饮食、洗眼或睡觉，实验完毕及时洗手。

5. 在实验室无通风橱或通风不良，实验过程又有大量有毒物逸出时，实验人员应按规定分类使用防毒口罩或防毒面具。

四、仪器使用安全规范

1. 在使用前应仔细阅读仪器、设备相关的使用说明书和操作规程。

2. 在实验完成后或需离开实验室时，应及时关闭仪器电源，以免造成仪器设备损坏。

3. 严格按照操作规程使用仪器设备完成实训任务；实训结束后按清洁规程清场，经验收合格后方可离开。

4. 使用加热设备必须采取必要的防护措施，严格按照操作规程正确使用，使用时人员不得离开实验室。常用加热设备包括烘箱、培养箱、水浴锅、电炉、电吹风等，以及谨防烫伤的设备如包衣机、泡罩式包装机、口服液灌装机、溶出仪等。使用完毕应立即切断电源，拔出电源插头，并确认其冷却至安全温度才能离开。

5. 大型机械设备：必须在熟练操作者的指导下正确操作，严格遵守操作规程，以防在设备运行过程中造成切割、被夹、被卷等意外事故；不得在设备未完全断电情况下进行安装、拆卸、检修等；不得湿手触碰电源开关。

6. 对于机械的传动部分（如旋转轴、齿轮、皮带轮等）要安装保护装置，以防用手触摸；切断电源后，要等其完全停止转动后才能接触，如压片机、自动胶囊填充机、制丸机、快速制粒机等。

7. 压力容器：压力容器开始加载时，速度不宜过快，要防止压力突然上升。高温容器或工作温度低于 0℃ 的容器，加热或者冷却都应缓慢进行。尽量避免操作中压力的频繁和大幅度波动；严禁带压拆卸压紧螺栓；经常检查安全附件运行情况。

8. 设备使用完毕后，关闭所有电源，再对其进行清洁。切勿在带电或电机运转时清理。

9. 设备操作时佩戴必要的防护器具（工作服、工作手套、口罩、护目镜），束缚好宽松的衣服和头发，不得佩戴长项链、穿拖鞋，严格按照操作规程进行操作。

五、其他安全常识

1. 遵守实验室相关规章制度，在室内不得有吸烟、进食、睡觉等与实验无关的不安全行为。

2. 未经允许非实验室人员不得进入实验室。

3. 对实验室存在的不安全因素，要及时向指导教师、实验室主任、研究所/中心、学院等反映，及时整改。若发生安全事故，应在采取急救措施的同时保护好现场，并如实向学院及学校有关部门报告，对造成安全事故者，应根据情节轻重，按有关规定及时处理。

六、常见急救规则

1. 烧伤的急救

（1）普通轻度烧伤，可擦用清凉乳剂于创伤处，并包扎好；略重的烧伤可视烧伤情况立即送医处理；遇有休克的伤员应立即拨打120急救电话。

（2）化学灼伤时，应迅速解脱衣服，首先清除残存在皮肤上的化学品，用水多次冲洗，同时视烧伤情况立即送医救治。

（3）眼睛受到伤害时，应立即请眼科医生诊治；化学灼伤时，应立即用水冲洗眼睛，冲洗时须用细水流，而且不能直射眼球。

2. 创伤的急救

小的创伤可用消毒镊子或消毒纱布把伤口清洗干净，并用3.5％的碘酒涂在伤口周围，包起来。若出血较多时，可用压迫法止血，同时处理好伤口，扑上止血消炎粉等药，较紧地包扎起来即可。

较大的创伤或者动静脉出血，甚至骨折时，应立即用急救绷带在伤口出血部上方扎紧止血，用消毒纱布盖住伤口，立即送医救治，但止血时间较长时，应注意每隔1～2小时适当放松一次，以免肢体缺血坏死。

3. 中毒的急救

中毒者送医前，尽快将患者从中毒物质区域移出，并尽量弄清致毒物质，以便协助医生排出中毒者体内毒物。如遇中毒者呼吸停止或心脏停跳时，应立即施行人工呼吸、心肺复苏，直至医生到达或送到医院为止。

4. 触电的急救

有人触电时应立即切断电源或设法使触电者脱离电源；患者呼吸停止或心脏停跳时，应立即施行人工呼吸或心脏按压。特别注意出现假死现象时，千万不能放弃抢救，尽快送往医院救治。

第二节　实验室安全标识

实验室安全标识是向进入实验室的人员警示实验场所或周围环境的危险状况，指导相关人员采取合理行为的标识。安全标识能够提醒相关人员预防危险，从而避免事故发生；当危险发生时，能够指示相关人员尽快逃离，或者指示相关人员采取正确、有效、得力的措施，对危害加以遏制。

实验室安全标识分为禁止标识、警告标识、指令标识、提示标识和专用标识等。

一、禁止标识

禁止标识（表1-1）用于禁止人们不安全行为。

表 1-1　禁止标识及其适用区域

禁止标识	适用区域	禁止标识	适用区域
禁止穿拖鞋 NO WEAR SLIPPERS	禁止穿拖鞋进入的场所	禁止使用手机 NO USING MOBILEPHONE	火灾、爆炸场所以及可能产生电磁干扰的场所
禁止携带金属或手表 NO METAL OR WATCH	易受到金属物品干扰的微波和电磁场所，如磁共振室等	禁止穿带钉鞋 NO PUTTING ON SPIKES	有静电火花可能导致灾害或有触电危险的作业场所，如有易燃易爆气体或粉尘的车间及带电作业场所
禁止穿高跟鞋	穿高跟鞋易产生危险或不便于作业的环境	非工作人员禁止入内 NO UNAUTHORIZED ENTRY	易造成事故或对人员有伤害的场所，如高压设备室、各种污染源等入口处
禁止吸烟 NO SMOKING	有甲、乙、丙类火灾危险物质的场所和其他禁止吸烟的公共场所等	禁止用水灭火 NO WATER TO PUT OUT THE FIRE	生产、储运、使用中有不准用水灭火的物质的场所，如储存遇湿易燃物品的实验室、变压器室、药品库等
禁止放易燃物 NO LAYING INFLAMMABLE THING	有明火设备或高温作业场所，如动火区，各种焊接、切割、锻造等场所	禁止堆放 NO STOCKING	消防器材存放处，消防通道及主通道等
禁止穿化纤服装	有静电火花可能导致灾害或有炽热物质的作业场所，如冶炼、焊接及有易燃易爆物质场所等	禁止混放 NO MIXING	易发生相互反应的危险物质存放区，如试剂药品库，气瓶存放库等

续表

禁止标识	适用区域	禁止标识	适用区域
禁止乱接电线 NO RANDOM WIRING	多机电设备使用场所	禁止超载用电 NO OVERLOAD POWER	电源插座处
禁止带火种 NO KINDLING	有甲类火灾危险物质及其他禁止带火种的各种危险场所	禁止倚靠 NO LEANING	不能依靠的地点或部位，如试剂架等
禁止撞击 NO IMPACT	摇动、撞击容易产生危险的场所，如气瓶库、液氮存放处等	禁止攀登 NO CLIMBING	不允许攀爬的危险地点，如有坍塌危险建筑物、构筑物、设备旁等
禁止化学品叠放 NO CHEMICAL STACKING	化学品存放区，如药品柜、试剂架等	禁止试剂无标签 NO LABEL FREE REAGENT	化学品存放区，如药品柜、试剂架等
禁止启动 NO STARTING	暂停使用的设备附近，如设备检修、更换零件等场所	禁止合闸 NO SWITCHING ON	设备或线路检修时，相应开关附近
禁止触摸 NO TOUCHING	禁止触摸的设备或物体附近，如裸露的带电体，炽热物体，具有毒性、腐蚀性物体等处	禁止戴手套 NO RUNNING	戴手套易造成手部伤害的作业地点，如旋转的机械加工设备附近

禁止标识	适用区域	禁止标识	适用区域
禁止靠近高压电线	有高压电线场所	禁止靠近	不允许靠近的危险区域，如高压试验区、高压线、输变电设备的附近
禁止乱动消防器材	需固定存放的消防器材处	禁止通行	有危险的作业区，如起重、爆破现场，道路施工工地等
禁止使用	暂停使用或存在安全风险的设备附近，如设备检修、更换零件等处	禁止跨越	禁止跨越的危险地段，如专用的运输通道、带式输送机和其他作业流水线，作业现场的沟、坎、坑等
禁止饮用	禁止饮用水的开关处，如循环水、工业用水、污染水等		

二、警告标识

警告标识（表 1-2）用于提醒人们对周围环境引起注意，以避免可能发生危险。

表 1-2 警告标识及其适用区域

警告标识	适用区域	警告标识	适用区域
当心爆炸	易发生爆炸危险的场所，如易燃易爆物质的生产、储运、使用或受压容器等地点	当心滑跌	地面有易造成伤害的滑跌地点，如地面有油、冰、水等物质及滑坡处

警告标识	适用区域	警告标识	适用区域
当心安全 CAUTION,DANGER	易造成人员伤害的场所及设备等	当心吊物 CAUTION,HANGING	有吊装设备作业的场所，如施工工地、港口、码头、仓库、车间等
当心感染 CAUTION,INFECTION	易发生感染的场所，如医院传染病区，有害生物制品的生产、储运、使用等处	当心噪音 CAUTION,NOISE HARMFUL	有噪声危害的场所
当心防尘 CAUTION,DUSTPROOF	具有粉尘作业场所，如纺织清花车间、粉状物料拌料车间及矿山凿岩处	当心弧光 CAUTION,ARC	弧光造成眼部伤害的各种焊接作业场所
当心泄漏 CAUTION,LEAKAGE	用于有危险物质泄漏、气体泄漏危险的场所，如废液存放区、气瓶存放区	当心微波 CAUTION,MICROWAVE	凡微波场强超过 GB 10436、GB 10437 规定的作业场所
当心自动启动 WARNING AUTOMATIC START-UP	配有自动启动装置的设备	当心静电 CAUTION, STATIC ELECTRICITY	用于易产生静电处

警告标识	适用区域	警告标识	适用区域
注意高温 BEWARE OF HIGH TEMPERATURE	用于有内部高温设备的场所	当心叉车 WARNING FORK LIFT TRUCKS	有叉车通行的场所
当心坠落 CAUTION DROP DOWN	易发生坠落事故的作业地点，如高处平台、地面的深沟（池、槽）、高处作业场所等	当心落物 BE WARE OF FALLINGS	易发生落物危险的地点，如高处作业、立体交叉作业的下方
当心电离辐射 CAUTION, IONIZING RADIATION	能产生电离辐射危害的作业场所，如生产、储运、使用 GB 12268—2005 规定的第 7 类物质的作业区	当心低温 WARNING LOW TEMPERATURE	易于导致冻伤的场所，如超低温冰箱、冷库等
当心高温表面 WARNING HOT SURFACE	有灼烫物体表面处	当心高压管线 DANGER! ROLLING	有泄漏或爆炸风险的高压管道的场所
当心紫外光辐射 DANGER! ULTRAVIOLET RADIATION	存在紫外光可能造成眼部伤害的场所	当心高压容器 WARNING HIGH PRESSURE VESSEL	存储、使用高压容器的场所

警告标识	适用区域	警告标识	适用区域
当心紫外线 WARNING ULTRAVIOLET	用于使用 UV 设备产生紫外光的场所	当心锐器 WARNING SHARP OBJECTS	用于使用针头等锐器的场所
危险废物 HAZARDOUS WASTE	用于危险废弃物存放的场所	当心卷入 DANGERIBE INVOLVED IN	用于易卷入手、头发等身体部位的设备处
生物危害 BIOHAZARD	易发生感染的场所，如医院传染病区、有害生物制品生产、储运、使用等地点	止步 高压危险 STOP! HIGH VOLTAGE HAZARD	配置 380V 高压电场所
当心中毒 CAUTION, POISONING	剧毒品及有毒物质（GB 12268—2005 中第 6 类第 1 项所规定的物质）的生产、储运及使用地点	危险爆炸性气体 DANGERIEXPLOSIVE GAS	存储，使用爆炸性气体的场所，如氢气瓶、乙炔气瓶等
当心气瓶 CAUTION, GAS CYLINDERS	存储，使用压缩气体的场所	当心火灾-氧化物 CAUTION,FIRE-OXIDE	存储、使用氧化物或有机过氧化物的场所

警告标识	适用区域	警告标识	适用区域
当心碰头 MIND YOUR HEAD	可能碰头的场所	当心激光 CAUTION, LASER	有激光产品和生产、使用、维修激光产品的场所
当心超压 CAUTION, OVERPRESSURE	用于使用高压设备的场所	当心夹手 CAUTION,MIND YOUR HAND	有产生挤压的装置、设备或场所，如自动门、电梯门等
当心机械伤人 CAUTION, MECHANICAL INJUREY	易发生机械卷入、轧压、碾压、剪切等机械伤害的作业地点	当心有毒气体 CAUTION, POISONOUS GAS	用于有毒气体使用或产生的场所
当心烫伤 CAUTION,SCALD	具有热源易造成伤害的作业地点	当心污染 CAUTION, CONTAMINATED	用于有生物污染风险或试验台污染风险的场所
当心化学反应 CAUTION, CHEMICAL REACTION	用于化学反应剧烈的实验场所	当心腐蚀 CAUTION, CORROSION	有腐蚀性物质（GB 12268—2005 中第 8 类所规定的物质）的作业地点

警告标识	适用区域	警告标识	适用区域
	用于有金属飞溅风险的切割金属材料的场所		易造成手部伤害的作业地点，如玻璃制品、木制加工、机械加工车间等
	用于使用活体动物开展实验的场所		用于化学反应过程或高温导致化学品飞溅的场所
	用于易制毒化学品的存储、使用区域		用于易制爆化学品的存储、使用区域

三、指令标识

指令标识（表1-3）用于强调人们必须做出某种动作或采用防范措施。

表1-3　指令标识及其适用区域

指令标识	适用区域	指令标识	适用区域
	具有对人体有害的气体、气溶胶、烟尘等作业场所		具有粉尘的作业场所

指令标识	适用区域	指令标识	适用区域
必须戴鞋套 MUST WEAR SHOE COVER	用于防静电、防灰尘、地面要求防水的环境	必须戴防护面罩 MUST WEAR PROTECTIVE MASK	用于有飞屑、飞溅物质损伤面部风险的场所
必须戴防护帽 MUST WEAR PROTECTIVE CAP	易造成人体烧伤或有粉尘污染头部的作业场所，如纺织、石棉、玻璃纤维以及具有旋转设备的机加工车间等	必须穿防护服 MUST WEAR PROTECTIVE CLOTHES	具有放射、微波、高温及其他需穿防护服的作业场所
必须戴安全帽 MUST WEAR SAFETY HELMET	火灾、爆炸场所以及可能产生电磁干扰的场所，如加油站、飞行中的航天器、油库、化工装置区等	必须穿防护鞋 MUST WEAR PROTECTIVE SHOES	用于禁止穿非防护鞋进入的场所
必须持证上岗 MUST HOLD THE CARD MOUNT DRIVE	用于必须持证上岗才能操作的特种设备	必须拔出插头 THE PLUG MUST BE PULLED OUT	在设备维修、故障、长期停用、无人值守状态下
必须戴护耳器 MUST WEAR EAR PROTECTOR	噪声超过 85dB 的作业场所，如铆接车间、织布车间、射击场、工程爆破、风动掘进等处	必须穿防护鞋防护手套 PROTECTIVE GLOVES MUST BE WORN	易伤害手部和脚部的作业场所，如具有腐蚀、灼烫、触电、砸（刺）伤等危险的作业地点

指令标识	适用区域	指令标识	适用区域
必须消毒 MUST DISINFECTION	无菌操作前或解除有毒有害物质作业后	必须通风 Must be ventilated	用于有毒有害物质挥发的环境
必须接地 MUST BE EARTHED	防雷、防静电场所	必须加锁 MUST BE LOCKED	剧毒品、危险品库房等地点

四、提示标识

提示标识（表1-4）用于向人们提供某种信息（如标明安全设施或场所等）。

表1-4 提示标识及其含义

提示标识	标识含义	提示标识	标识含义
	紧急出口		紧急出口
	急救点		应急电话
	洗眼装置		紧急喷淋

五、专用标识

专用标识（表1-5）用于针对某种特定的事物、产品或者设备所制定的符号或标志物，用以标示，便于识别。

表1-5　专用标识及其含义

专用标识	标识含义	专用标识	标识含义
	生物危害		设备状态
	医疗废物		

六、危险化学品标识（表1-6）

试剂、药品类：张贴于试剂柜、药品柜柜门上。
气体类：张贴于气瓶柜或气瓶架旁合适的位置。

表1-6　危险化学品标识及其适用区域

危险化学品标识	适用区域	危险化学品标识	适用区域
	三硝基苯甲醚、三硝基苯酚等		乙醇、乙腈、乙酸乙酯等

续表

危险化学品标识	适用区域	危险化学品标识	适用区域
易燃固体 4	硫磺、镁粉等	自燃物品 4	黄磷、硫化钠等
遇湿易燃物品 4	金属钠、钾、锂等	氧化剂 5	双氧水、高锰酸钾、重铬酸钾等
有机过氧化物 5	过乙酸、过甲酸等	有毒品 6	乙二酸、二甲苯酚等
腐蚀品 8	盐酸、乙酸、氢氧化钠等	易燃气体 2	氢气、乙炔等
不燃气体 2	氧气、氮气、氩气等	有毒气体 2	氨气、一氧化碳、二氧化硫等

七、其他类标识（表1-7）

表1-7　其他类安全标识及其适用区域

安全标识	适用区域	安全标识	适用区域
注 意 CAUTION 通道必须保持畅通 CHANNEL MUST BE KEPT CLEAR	消防器材存放处，消防通道、主通道等	**注 意** CAUTION 保持通风 PLEASE KEEP VENTILATED	用于有毒有害物质挥发的环境
注 意 CAUTION 离开实验室请 关闭水电气关好门窗 DOORS AND WINDOWS CLOSED, WATER AND ELECTRICITY OFF BEFORE LEAVING THE LAB PLEASE	用于有效提示工作人员离开实验室关闭水电的场所	**注 意** CAUTION 使用后请关闭气阀 PLEASE KEEP GAS CYLINDER CLOSED AFTER USED	用于有效提示工作人员使用后关闭气阀的地点
注 意 CAUTION 非紧急状态 严禁操作 EMERGENCY OPERATION ONLY!	用于仅限于紧急状态下才可使用的设备旁	**注 意** CAUTION 执行操作规程 禁止违章操作 EXECUTION RULES PROHIBIT ILLEGAL OPERATION 安全规程	用于有效提示工作人员遵守设备操作规程的设备设施旁

第三节　典型实验室事故

一、火灾

1. 事故经过：2019年2月27日0时42分，××大学生物与制药工程学院教学楼3楼一实验室发出一阵响声，随后有明火蹿出窗户，火势迅速蔓延至5楼楼顶，整栋大楼浓烟滚滚，根本来不及灭火，学校报警后，南京市消防支队调派9辆消防车、43名消防人员赶赴现场，消防员用水枪喷射扑灭明火并降温，1时15分火灾被控制，1时30分火灾被扑灭，三层楼的外墙面被熏黑，窗户破碎，警方和学校保卫部门封闭现场。火灾烧毁3楼热处理实验室内办公物品及楼顶风机。所幸当时没有人在大楼里，没有人员受伤。

事故原因：电源未关闭，导致电路火灾。

2. 事故经过：2016 年 1 月 10 日 11 时 35 分左右，××大学实验室冰箱发生自燃，消防人员赶到现场后及时扑灭了火灾，冰箱已经焦黑变形，只剩一个框架，冰箱内存放的化学试剂全部被烧光，现场刺鼻气味强烈。

事故原因：冰箱电路老化引发自燃。

3. 事故经过：2011 年 10 月 10 日 12 时 40 分左右，××大学实验室起火，对面实验室学生发现火情，迅速采用灭火器进行灭火，但火势没有得到控制，由于该楼房顶为纯木质结构（始建于 1960 年），火势迅速蔓延。长沙市公安消防支队指挥中心先后调集五星、麓山门、特勤等 6 个中队、13 台消防车、共 80 余名消防人员赶赴现场展开灭火救援，到 14 时 10 分，火势得到控制，15 时火灾才被完全扑灭。四楼基本被烧空，相关教师和学生的实验资料也毁于火灾。

事故原因分为直接原因和间接原因。直接原因：起火实验室中的一个水龙头存在故障，时好时坏，但一直未及时维修，一个学生便在水槽上盖了一块板子，目的是提醒大家水龙头有问题，不要使用。当学生们离开实验室吃午饭时，故障的水龙头突然出水，水顺着板子流到旁边的操作台上，又顺着操作台流到下方的储藏柜中，储藏柜里放着金属钠、三氯氧磷等危化品，金属钠遇水发生燃烧，迅速引燃旁边的危化品。间接原因：①学院和实验室对危化品管理不到位，危化品存放条件不符合安全规范；②学校后勤保障工作不到位，没有及时维修出现故障的水龙头；③灭火器材配备不完善，普通灭火器不能用于金属类火灾，金属类火灾需使用干砂或专用干粉灭火器。

二、爆炸

1. 事故经过：2018 年 12 月 16 日，××大学东校区 2 号楼实验室内学生在进行垃圾渗滤液污水处理科研实验时发生爆炸，事故造成 3 名学生死亡。

事故原因：在使用搅拌机对镁粉和磷酸搅拌的反应过程中，料斗内产生的氢气被搅拌机转轴处金属摩擦、碰撞产生的火花点燃爆炸，继而引发镁粉粉尘云爆炸，爆炸引起周边镁粉和其他可燃物燃烧，造成现场 3 名学生死亡。

2. 事故经过：2022 年 4 月 20 日 10 时 50 分左右，××大学材料科学与工程学院发生一起爆炸事故，事故造成该学院一名博士研究生受伤。

事故原因：这位博士研究生当天做实验的时候用到了铝粉，而且实验条件温度比较高，最终导致实验室发生事故。颗粒极微小的干燥铝粉能悬浮在空气中，增大了与空气的接触表面，使其化学活性增加，一旦粉尘在空气中达到一定的量时，遇到着火源能迅速爆燃，瞬间产生大量的热量和燃烧产物，使气体、蒸气等剧烈膨胀，造成爆炸。

3. 事故经过：2015 年 4 月 5 日，在××大学徐州校区化工学院 A315 实验室内，学生进行甲烷混合气体燃烧实验时发生爆炸，造成 5 人受伤，其中 1 人抢救无效身亡。

事故原因：实验过程中使用的甲烷混合气体为自行配置，由于没有完善的气体配置操作规程和可靠的气体成分检测手段，使用时混合气体处于爆炸临界状态，开启气瓶阀门时，气流快速流出引起的摩擦热能或静电，导致瓶内气体发生爆炸。

三、其他事故

1. 离心机事故

事故经过：有一次样品前处理高速离心时，听到离心机发出隆隆的响声，整个实验室都能感到震动。放入的离心管在高速下，飞出了离心机内的转子，幸好有个外盖，离心管没飞出来，盖子内壁严重磨损，离心机也被烧坏了。

事故原因：操作前忘了把离心机的内盖盖上，就开始离心，设定的转速为10000r/min。不按操作规程操作，每个小细节都有可能发生巨大的事故。

2. 氨气泄漏事故

事故经过：2009年4月7日晚，××大学化学实验室发生氨气泄漏，由于事发时实验室无人留守，因此无人被困。值班人员发现异常后立即报警，消防官兵接警后迅速赶赴救援，将氨气瓶抬到安全地带，并对楼内的氨气进行了稀释。

事故原因：这次泄漏事故主要原因是学生们做完实验后，没将氨气气瓶阀门关紧。

第二章　测试表征实验

实验1　液态紫外可见分光光度法测定染料浓度

一、实验目的

1. 了解小分子对光的吸收机制。
2. 掌握液态紫外可见分光光度法的测试方法。
3. 掌握液态紫外可见光谱图的绘制。
4. 掌握利用液态紫外可见光谱图计算分子浓度的方法。

二、实验原理

1. 紫外可见光谱法

紫外可见光谱法分为两大块，一个是紫外可见分光光度法，吊一个是紫外可见漫反射法。粗略地说，一个是液体紫外，吊一个是固体紫外。本实验讲授紫外可见分光光度法，也就是液态紫外。

2. 紫外可见分光光度法应用范围

紫外可见分光光度法（UV-vis spectrophotometer）用于研究液体样品的光吸收能力。物质中的分子或基团，吸收了入射的紫外-可见光能量，电子间能级跃迁产生具有特征性的紫外-可见光谱，可用于确定化合物的结构和表征化合物的性质。

3. 紫外可见定义

紫外光的波长范围为 $10\sim400nm$，其中，波长在 $10\sim200nm$ 的称为远紫外光，波长在 $200\sim400nm$ 的为近紫外光；可见光的波长为 $400\sim760nm$；红外光的波长为 $0.76\sim1000\mu m$。对于紫外可见光谱仪而言，人们一般利用近紫外光和可见光，一般测试范围为 $200\sim800nm$。

4. 分光光度分析定义

分光光度分析是根据物质的吸收光谱研究物质的成分、结构和物质间相互作用的有效手段。它是带状光谱，反映分子中某些基团的信息。可以用标准光图谱再结合其他手段进行定性分析。分光光度法是光谱法的重要组成部分，是通过测定被测物质在特定波长处或一定波长范围内的吸光度或发光强度，对该物质进行定性和定量分析的方法。常用的技术包括紫外可见分光光度法、红外分光光度法、荧光分光光度法和原子吸收分光光度法等。

5. 紫外可见光谱的电子跃迁

（1）有机化合物的紫外吸收光谱：基态有机化合物的价电子包括成键 δ 电子、成键 π 电子和非键电子 n。分子的空轨道包括反键 δ^* 和反键 π^* 轨道。因此，可能跃迁为 $\delta\rightarrow\delta^*$、$\pi\rightarrow\pi^*$、$n\rightarrow\delta^*$、$n\rightarrow\pi^*$ 等。

（2）无机化合物的紫外吸收光谱：①电荷迁移跃迁：化合物中的电荷发生重新分布，

导致电荷从化合物的一部分迁移至另一部分。②配位场跃迁：在配位场作用下，产生 d→d* 和 f→f* 跃迁。当过渡金属离子与显色剂形成络合物时，既存在电荷转移吸收，又存在配位体吸收。

6. 朗伯-比尔定律

如图 2-1 所示，当一束平行单色光照射溶液时，一部分光被溶液吸收，吊一部分光被界面反射，其余光则透过溶液。我们把透射光强度（I_t）与入射光强度（I_0）的比值 I_t/I_0 称为透光度（Transmittance, T）。溶液对光的吸收程度常用吸光度（Absorbance, A）表示。吸光度 A 定义为透光度的负对数或透光度倒数的对数，即 $A = -\lg T$。

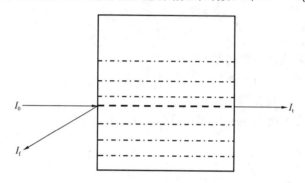

图 2-1　光通过溶液的情况

朗伯-比尔定律的物理意义是当一束平行单色光通过单一均匀的、非散射的吸光物质溶液时，溶液的吸光度与溶液浓度和液层厚度的乘积成正比。如果物质中只有一种吸光组分，则朗伯-比耳定律的数学表达式为 $A = K \cdot C \cdot L$，吸收系数 K 与入射辐射的波长以及吸收物质的性质有关，K 的单位为 L/g·cm。若浓度的单位为 mol/L，则 K 的单位为 L/mol·cm，也称为摩尔吸收系数 ε。

三、实验仪器和试剂

1. 实验仪器

日立 H3900 紫外可见光分光光度计，比色皿。

2. 实验试剂

甲基橙水溶液，无水乙醇，擦镜纸。

四、实验步骤

1. 开机操作：打开电脑，打开仪器，连接软件。

2. 打开仪器上盖，先将装有去离子水的两个比色皿放在测试位，关闭盖子，在 Method 进行扫描参数的设置，波长 200～800nm，扫速 1200nm/min，点击 Baseline 进行基线的扫描。

3. 将最外面的比色皿取出，用无水乙醇清洗烘干后倒入待测试样品，点击 Measure 进行测试。

4. 测试完毕，保存测试所得数据。

5. 取出装有样品的比色皿，清洗干净，烘干，放入下一个样品继续测试，或者执行关机操作。

6. 关机操作：关闭软件，关闭仪器，清理样品池。

五、注意事项

1. 开机前将样品室内的干燥剂取出，仪器自检过程中禁止打开样品室盖。

2. 比色皿内溶液以皿高的 2/3～4/5 为宜，不可过满，以防液体溢出腐蚀仪器。测定时应保持比色皿清洁，池壁上液滴应用擦镜纸擦干，切勿用手捏透光面。测定紫外波长时，需选用石英比色皿。

3. 测定时，禁止将试剂或液体物质放在仪器的表面上，如有溶液溢出或其他原因将样品槽弄脏，要及时清理干净。

4. 实验结束后将比色皿中的溶液倒尽，然后用蒸馏水或有机溶剂冲洗比色皿至干净，倒立晾干。关闭电源将干燥剂放入样品室内，盖上防尘罩，做好使用登记，得到管理老师认可方可离开。

六、实验结果与数据处理

紫外吸收光谱和可见吸收光谱都属于分子光谱，它们都是由于价电子的跃迁而产生的。利用物质的分子或离子对紫外和可见光的吸收所产生的紫外可见光谱及吸收程度可以对物质的组成、含量和结构进行分析、测定、推断。

与可见光吸收光谱一样，在紫外吸收光谱分析中，在选定的波长下，吸光度与物质浓度的关系，也可用光的吸收定律即朗伯-比尔定律来描述：$A = \lg (I_0/I) = Kbc$，其中 A 为溶液吸光度，I_0 为入射光强度，I 为透射光强度，K 为该溶液摩尔吸光系数，b 为溶液厚度，c 为溶液浓度。由朗伯-比尔定律可知，样品吸光度和其浓度成正比。

1. 配制不同浓度的甲基橙溶液，用液态紫外可见分光光度计测出不同浓度下的甲基橙溶液吸收光谱，并用 Origin 作图，如图 2-2 所示。

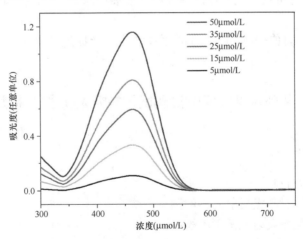

图 2-2 不同浓度甲基橙溶液的紫外可见吸收光谱图

2. 取最高峰 464nm 处的吸光度，然后将浓度作为 X 轴，464nm 处吸光度作为 Y 轴，在 Origin 上做出甲基橙的标准浓度曲线，并做一阶拟合，如图 2-3 所示。

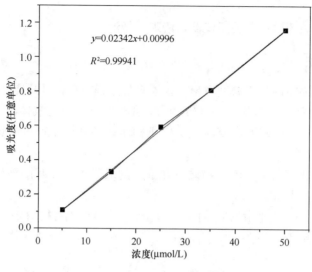

$y=0.02342x+0.00996$

$R^2=0.99941$

图 2-3　甲基橙溶液标准浓度曲线

3. 将未知浓度的样品进行液体紫外可见光谱测试，得出在 464nm 下的吸光度，然后带入一阶拟合线的解析式中便可以得到对应的浓度数值。

七、思考题

1. 液体紫外和固体紫外的区别是什么（请从仪器组成、测量参数、所测样品种类等角度回答）？
2. 什么是朗伯-比尔定律？它的适用范围是什么？

八、参考资料

［1］　季岩．紫外可见分光光度计的应用与发展趋向之研究［J］．科技资讯，2017，15（11）：222-223.

［2］　辛伍红．朗伯-比尔定律的适用条件与限制［J］．化工时刊，2020，34（7）：49-51.

实验 2　紫外可见漫反射法测试材料吸光和半导体禁带宽度

一、实验目的

1. 了解固体粉末材料对光的吸收机制。
2. 掌握固体粉末材料漫反射光谱的测试方法。
3. 掌握紫外可见漫反射光谱图的绘制。
4. 掌握利用紫外可见漫反射光谱图计算半导体禁带宽度的方法。

二、实验原理

1. 紫外可见光谱法

　　紫外可见光谱法分为两大块，一个是紫外可见分光光度法，吊一个是紫外可见漫反射法。粗略地说，一个是液体紫外，吊一个是固体紫外。本实验讲授的紫外可见漫反射光谱，也就是固体紫外。

　　2. 紫外可见漫反射光谱法应用范围

　　紫外可见漫反射（UV-Vis DRS）光谱法可用于研究固体样品的光吸收性能，催化剂表面过渡金属离子及其配合物的结构、氧化状态、配位状态、配位对称性等。

　　3. 紫外可见定义

　　紫外光的波长范围为 10～400nm，其中，波长在 10～200nm 范围内的称为远紫外光，波长在 200～400nm 的为近紫外光；可见光的波长范围为 400～760nm；红外光的波长范围为 $0.76～1000\mu m$。对于紫外可见光谱仪而言，一般利用近紫外光和可见光，一般测试范围为 200～800nm。

　　4. 漫反射定义

　　当光照射在一个不规则的固体粉末表面时，会发生反射和散射（图 2-4）。对于前者来说，反射光的方向固定，固体不吸收光。而对于后者来说，由于光进入样品内部，会发生多次折射、反射、散射和吸收，最后从样品表面出来，反射光方向不固定，也称为漫反射（Diffuse Reflection）。同时由于光与样品内部分子充分作用，漫反射出来的光也能携带大量样品结构和组织信息。当漫反射光穿过固体粉末时，如果被粉末吸收，则漫反射光会变弱，光波长和漫反射光强度之间会存在一定的联系，从而可以做出漫反射光谱。

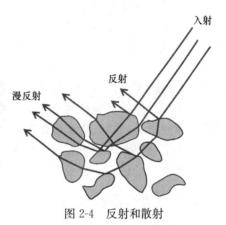

图 2-4　反射和散射

　　5. 光吸收原因

　　光吸收产生的根本原因多为电子跃迁。有机物的电子跃迁包括 n-π、π-π 跃迁等。对于无机物而言：

　　（1）在过渡金属离子-配位体体系中，一方是电子给予体，另一方为电子接受体。在光激发下，发生电荷转移，电子吸收某能量光子从给予体转移到接受体，在紫外区产生吸收光谱。其中，电荷从金属（Metal）向配体（Ligand）进行转移，称为 MLCT；反之，电荷从配体向金属转移，称为 LMCT。

　　（2）当过渡金属离子本身吸收光子激发发生内部 d 轨道内的跃迁（d-d）跃迁时，引起配位场吸收带，需要能量较低，表现为在可见光区或近红外区的吸收光谱。

　　（3）贵金属的表面等离子体共振。贵金属可看作自由电子体系，由导带电子决定其光学和电学性质。在金属等离子体理论中，若等离子体内部受到某种电磁扰动而使其一些区域电荷密度不为零，会产生静电回复力，使其电荷分布发生振荡。当电磁波的频率和等离子体振荡频率相同时，会产生共振。这种共振，在宏观上就表现为金属纳米粒子对光的吸收。金属的表面等离子体共振是决定金属纳米颗粒光学性质的重要因素。由于金属粒子内部等离子体共振激发或由于带间吸收，它们在紫外可见光区域具有吸收谱带。

　　6. K-M 方程-漫反射定律

漫反射定律（Kubelka-Munk 方程）描述一束单色光入射到一种既能吸收光，又能反射光的物体上的光学关系，方程如下：

$$\mathrm{Log}F(R_\infty) = \mathrm{Log}K - \mathrm{Log}S = \mathrm{Log}\frac{(1-R_\infty)^2}{2R_\infty}$$

式中 K——吸收系数，和固体化学组成相关；

S——散射系数，和固体物理特性相关；

R_∞——样品反射系数 R 的极限值，一般不测定样品的绝对反射率，而是以白色标准物作为参比（假设其不吸光，反射率为 1），得到相对反射率；

$F(R_\infty)$——减免函数/Kubelka-Munk 函数。

7. 积分球

紫外可见漫反射光谱常用的测试方法是积分球法。

积分球又称为光通球，是一个中空的完整球壳，其典型功能是收集光。积分球内壁涂白色漫反射层，且球内壁各点漫反射均匀。一般要求积分球在 200nm～3μm 的波长范围内反射率为 100%，因此，白色漫反射层要用 MgO、$MgSO_4$、$BaSO_4$ 等，其反射率为 R_∞，定义为 1（大约为 0.99）。MgO 的机械性能不好，因此一般用 $BaSO_4$。光源 S 在球壁上任意一点 B 上产生的光照度是由多次反射光产生的光照度叠加而成的。

采用积分球的目的是收集所有的漫反射光。通过积分球来测漫反射光谱的原理：由于样品对紫外可见光的吸收比参比样品（一般为 $BaSO_4$）要强，因此通过积分球收集到的漫反射光的信号要弱一些，这种信号的差异可以转化为紫外可见漫反射光谱。采用积分球可以避免光收集过程引起的漫反射的差异。

三、实验仪器和试剂

1. 实验仪器

日立 H4150 固体紫外可见光分光光度计，样品池。

2. 实验试剂

二氧化钛等半导体粉末材料，无水乙醇，擦镜纸。

四、实验步骤

1. 开机操作：打开电脑，打开仪器，连接软件。

2. 打开仪器上盖，先将参比样品硫酸钡放在测试位，关闭盖子，用 Method 进行扫描参数的设置，波长范围 200～800nm，扫速 1200nm/min，点击 Baseline 进行基线的扫描。

3. 将样品二氧化钛装进样品池。

4. 取下参比样品，将样品池放在测试位，点击 Measure 进行测试。

5. 测试完毕，保存测试所得的漫反射谱图。

6. 取出装有二氧化钛的样品池，清洗干净，放入下一个样品继续测试，或者执行关机操作。

7. 关机操作：关闭软件，关闭仪器，进行样品池的清理。

五、注意事项

1. 一般情况下，固体对不同波长的光的吸收不同，测试过程中得到的是吸光度和波长的关系。

2. 我们并不会直接使用 K-M 方程，但它帮助我们理解漫反射这个过程。

3. 由于固体绝对反射率 R_∞ 不可测，一般情况下以白色标准物为参比，假设其反射率为 1，从而得到相对反射率，标准物质通常选取硫酸钡。

4. 通过方程，可以得到一些测试小建议，比如为了增强光谱的信号，可以将样品充分研磨，使其反射更充分。

六、实验结果和数据处理

通过仪器测试会得到紫外可见漫反射图谱，即样品在不同波长下的吸收图谱。漫反射图谱不仅反映材料对不同波长光的吸收，对于半导体材料，还可以得到禁带宽度。

从紫外可见漫反射谱图得到半导体禁带带宽的两种方式（以二氧化钛 P25 为例）为截线法和 Tauc plot 法。

1. 截线法

截线法是一种简易的求取半导体禁带带宽的方法，其基本原理是半导体的带边波长（也叫吸收阈值，λ_g）取决于禁带带宽 E_g，两者之间存在 E_g（eV）＝$1240/\lambda_g$（nm）的数量关系。因此，可以通过求取 λ_g 来得到 E_g。

具体操作：

① 一般通过 UV-Vis DRS 测试可以得到样品在不同波长下的吸光度，如图 2-5（a）所示。

② 在 Origin 中，通过 Analysis→Mathematics→Differentiate 对图 2-5（a）中的曲线求一次微分，并找到极值点的横坐标 X。

③ 在图 2-5（a）中，过横坐标为 X 的点作斜率为 k 的截线，该截线与横坐标轴的交点为吸收波长的阈值（λ_g）。

④ 通过公式 $E_g＝1240/\lambda_g$ 来求取半导体的禁带宽度。

备注：这种方法虽然也有人在用，但文献中还是比较少见，简单来考量半导体的禁带带宽是可以的，但是一般建议用下面的这种方法——Tauc plot 法。

2. Tauc plot 法

这种方法之所以能够得到半导体的禁带宽度，主要是基于 Tauc、Davis 和 Mott 等人提出的公式，俗称 Tauc plot 法。

$$(\alpha h\nu)^{1/n} = B(h\nu - E_g)$$

式中：α——吸光系数；

　　h——普朗克常数；

　　ν——频率；

　　B——常数；

　　E_g——半导体禁带宽度。

指数 n 与半导体类型直接相关：直接带隙半导体 $n＝0.5$；间接带隙半导体 $n＝2$。

说明：实验过程中，通过漫反射光谱所测得的谱图的纵坐标一般为吸收值 Abs〔如果得到的是透过率 $T\%$，可以通过公式 $Abs＝-\lg(T\%)$ 进行换算〕。α 为吸光指数，两者

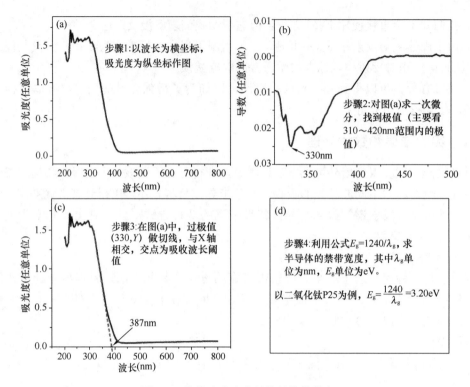

图 2-5　截线法求取半导体的禁带带宽

成正比。通过 Tauc plot 法求取 E_g 时，无论采用 Abs 还是 α 其实对 E_g 值是不影响的（只不过是系数 B 有差异而已），所以简单起见，可以直接用 Abs 替代 α，不过需给出说明。Abs 可以简写成 A。

具体操作：

（1）利用紫外漫反射光谱数据分别求 $(\alpha h\nu)^{1/n}$ 和 $h\nu$。其中 $h\nu = hc/\lambda$，h 为普朗克常数 6.63×10^{-34} Js，ν 为光的频率，c 为光速 3×10^8 m/s，λ 为光的波长，可得到 $h\nu = 1240/\lambda$。$h = 6.63 \times 10^{-34}$ Js，$c = 3 \times 10^8$ m/s。$1\text{eV} = 1.6 \times 10^{-19}$ J。

（2）在 Origin 中以 $(\alpha h\nu)^{1/n}$ 对 $h\nu$ 作图。

（3）将步骤（2）中所得到图形中的直线部分外推至横坐标轴，交点即为禁带带宽。

如图 2-6 所示，当材料为直接带隙半导体时，n 值取 0.5，计算得到半导体禁带带宽为 3.46eV。当材料为间接带隙半导体时，n 值取 2，计算得到半导体禁带带宽为 2.86eV。

数据分析：二氧化钛 P25 为纳米级的白色粉末，表面的氢氧基团使其具有亲水性，并且没有任何色素特征。P 指的是 Particle Size，也就是粒径。P25 是平均粒径为 25nm 的锐钛矿晶和金红石晶混合相的二氧化钛。

通过截线法得到二氧化钛 P25 的禁带宽度为 3.20eV。而通过 Tauc plot 法，如果按直接带隙半导体计算，得到半导体禁带宽度为 3.46eV。如果按间接带隙半导体计算，得到半导体禁带带宽为 2.86eV。二氧化钛 P25 是由锐钛矿晶和金红石晶混合相组成。一般来说，锐钛矿二氧化钛是间接带隙，而金红石和板钛矿是直接带隙。所以，对于二氧化钛 P25 来说，禁带带宽应该介于 3.46eV 和 2.86eV 之间，这也与截线法求得的数值相符。

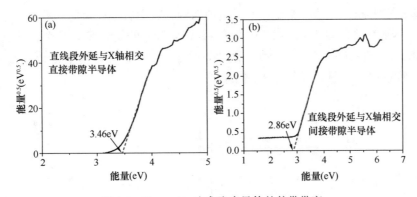

图 2-6　Tauc plot 法求取半导体的禁带带宽

七、思考题

1. 直接带隙半导体和间接带隙半导体的区别？如何分辨？
2. 镜面反射和漫反射的区别？
3. 固体紫外吸收谱与紫外漫反射光谱区别？

八、参考资料

［1］　Wang, X. -S.；Chen, C. -H.；Ichihara, F.；Oshikiri, M.；Liang, J.；Li, L.；Li, Y.；Song, H.；Wang, S.；Zhang, T.；［1］Huang, H.；Wang, X. −S.；Philo, D.；Ichihara, F.；Song, H.；Li, Y.；Li, D.；Qiu, T.；Wang, S.；Ye, J. Toward visible-light-assisted photocatalytic nitrogen fixation：A titanium metal organic framework with functionalized ligands. Appl. Catal. B：Environ. 2020，267，118686.

［2］　Wang, X. -S.；Chen, C. -H.；Ichihara, F.；Oshikiri, M.；Liang, J.；Li, L.；Li, Y.；Song, H.；Wang, S.；Zhang, T.；Huang, Y. -B.；Cao, R.；Ye, J. Integration of adsorption and photosensitivity capabilities into a cationic multivariate metal-organic framework for enhanced visible-light photoreduction reaction. Appl. Catal. B：Environ. 2019，253，323-330.

实验 3　红外光谱法测试物质化学结构

一、实验目的

1. 了解红外光谱的基本原理。
2. 掌握固体粉末红外光谱测试方法。
3. 掌握红外光谱图的绘制。
4. 学习如何使用红外光谱仪分析与鉴别样品的化学结构。

二、实验原理

1. 红外光谱的产生

分子运动有平动、转动、振动和电子运动四种，其中后三种为量子运动。分子从较低的能级 E_1，吸收一个能量为 $h\nu$ 的光子，可以跃迁到较高的能级 E_2，整个运动过程满足能量守恒定律 $E_2 - E_1 = h\nu$。能级之间相差越小，分子所吸收的光的频率越低，波长越长。

分子吸收过程可用图 2-7 能级图来描述。

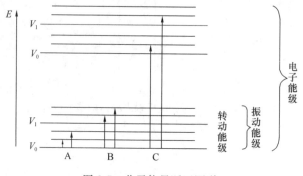

图 2-7　分子能量跃迁图谱

红外光谱是由分子振动和转动跃迁所引起的，组成化学键或官能团的原子处于不断振动（或转动）的状态，其振动频率与红外光的振动频率相当。所以，用红外光照射分子时，分子中的化学键或官能团可发生振动吸收，不同的化学键或官能团吸收频率不同，在红外光谱上将处于不同位置，从而可获得分子中含有何种化学键或官能团的信息。

红外光谱法实质上是一种根据分子内部原子间的相对振动和分子转动等信息来确定物质分子结构和鉴别化合物的分析方法。

分子的转动能级差比较小，所吸收的光频率低，波长很长，所以分子的纯转动能谱出现在远红外区（25～300μm）。振动能级差比转动能级差要大很多，分子振动能级跃迁所吸收的光频率要高一些，分子的纯振动能谱一般出现在中红外区（2.5～25μm）。

2. 红外光谱定义

通常将红外光谱分为三个区域：近红外区（0.75～2.5μm）、中红外区（2.5～25μm）和远红外区（25～300μm）。一般来说，近红外光谱是由分子的倍频、合频产生的；中红外光谱属于分子的基频振动光谱；远红外光谱则属于分子的转动光谱和某些基团的振动光谱。

按吸收峰的来源，可以将中红外光谱图（2.5～25μm）大体上分为特征频率区（2.5～7.7μm，即 4000～1330cm^{-1}）以及指纹区（7.7～16.7μm，即 1330～400cm^{-1}）两个区域。其中特征频率区中的吸收峰基本是由基团的伸缩振动产生，数目不是很多，但具有很强的特征性，因此在基团鉴定工作上很有价值，主要用于鉴定官能团。

指纹区的情况不同，该区域吸收峰多而复杂，没有强的特征性，主要是由一些单键C—O、C—N 和 C—X（卤素原子）等的伸缩振动及 C—H、O—H 等含氢基团的弯曲振动以及 C—C 骨架振动产生。当分子结构稍有不同时，该区的吸收就有细微的差异。这种情况就像每个人都有不同的指纹一样，因而称为指纹区。指纹区对于区别结构类似的化合物很有帮助。

此外，红外光谱可以从峰位、峰强和峰形来得到物质的结构信息。峰位即吸收峰的位置（吸收频率），分子内各种官能团的特征吸收峰只出现在红外光谱的一定范围，如

C＝O的伸缩振动一般在 1700cm^{-1}左右。峰强即吸收峰的强度，取决于分子振动时偶极矩的变化。偶极矩的变化越小，谱带强度越弱。峰形即吸收峰的形状（尖峰、宽峰、肩峰），不同基团可能在同一频率范围内都有红外吸收，如—OH、—NH 的伸缩振动峰都在 3400～3200cm^{-1}，但二者峰形状有显著不同。峰形的不同有助于官能团的鉴别。

3. 傅里叶红外光谱仪

傅里叶红外光谱仪主要由红外光源、光阑、干涉仪（分束器、动镜、定镜）、样品室、检测器以及各种红外反射镜、激光器、控制电路板和电源组成（图 2-8）。

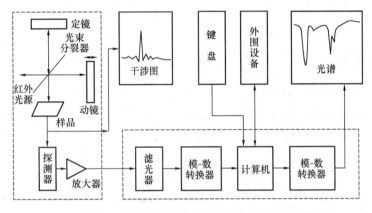

图 2-8　傅里叶红外光谱仪结构示意图

光源发出的光被分束器（类似半透半反镜）分为两束，一束经透射到达动镜，另一束经反射到达定镜。两束光分别经定镜和动镜反射再回到分束器，动镜以一恒定速度做直线运动，因而经分束器分束后的两束光形成光程差，产生干涉。干涉光在分束器会合后通过样品池，通过样品后含有样品信息的干涉光到达检测器，然后通过傅里叶变换对信号进行处理，最终得到透过率或吸光度随波数或波长的红外吸收光谱图。

4. 纤维素样品结构

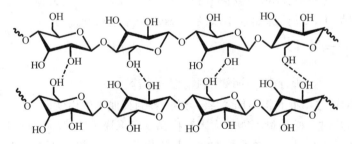

图 2-9　纤维素的分子结构示意图

纤维素的化学结构是由 D-吡喃葡萄糖环彼此以 β-1，4-糖苷键以 C1 椅式构象联结而成的线形高分子（图 2-9）。纤维素分子中的每个葡萄糖基环上均有 3 个羟基，分别位于第 2、第 3、第 6 位碳原子上，其中 C6 位上的羟基为伯醇羟基，而 C2、C3 位上的羟基是仲醇羟基。这 3 个羟基在多相化学反应中有着不同的特性。纤维素的葡萄糖基环上极性很强的—OH 基中的氢原子，与另一键上电负性很大的氧原子上的孤对电子相互吸引而形成的氢键（—OH…O），氢键作用远远强于范德华力，氢键决定了纤维素的多种特性：自组装性、结晶性、形成原纤的多相结构、吸水性、可及性和化学活性等。

纤维素在红外光谱图中比较明显的特征峰有—O—H 的伸缩振动（3500～3200cm^{-1}）、—CH$_2$ 的伸缩振动（2950～2850cm^{-1}）、脂肪族醚 C—O 的伸缩振动（1150～1060cm^{-1}）及其不对称面外伸展振动（890cm^{-1}）。

三、实验仪器和试剂

仪器：Nicolet 5700 傅里叶红外光谱仪，压片装置（油压机、压片模具），玛瑙研钵，不锈钢药匙。

试剂：KBr 粉末（AR）、纤维素。

四、实验步骤

1. 了解红外光谱仪的结构

了解红外光谱仪的结构，包括光源、光阑、干涉仪（分束器、动镜、定镜）、样品室、检测器以及各种红外反射镜、激光器、控制电路板和电源。

2. KBr 压片法

（1）制样

取 2～4mg 样品放在玛瑙研钵中，加 200～400mg 干燥 KBr 粉末，研磨均匀。用不锈钢药匙取 200mg 混合粉末放入压片模具中，施加 20MPa 左右的压力 1～3min，即可得到透明或半透明的薄片。

（2）测定红外光谱

打开电脑上 OMNIC 图标，进行采集-背景扫描。把薄片放入固体样品的样品架上，样品架插入红外光谱仪的试样窗口，关闭样品室，即可测定样品的红外吸收光谱。

（3）记录薄片的红外光谱图

（4）数据导出

在 OMNIC 中选择需要导出的样品谱图，点击"文件"—"另存为"，选择保存路径，分别保存".SPA" OMNIC 原始数据以及".csv"的数据格式。

五、注意事项

（1）红外压平时，所有模具应该用酒精棉洗干净。

（2）取用 KBr 时，不能将 KBr 污染，避免影响其他学生做实验。

（3）红外压片时，样品量不能加太多，样品量和 KBr 的比例大约为 1∶100。

（4）用压片机压片时，应该严格按操作规定操作，压片机使用时压力不能过大，以免损坏模具。

（5）采集背景信息时应将样品从样品室中拿出。

六、实验结果

通过仪器测试可得到红外吸收/反射光图谱，即样品在不同波长下的吸收/反射图谱。由于物质不同化学结构具有不同的红外峰位和峰形，因此利用红外光谱图不仅可以辅助分析物质的分子结构，也可以用于不同物质结构鉴别。为此，本实验采用纤维素作为待测样品，对其进行红外光谱测试与分析，具体操作步骤如下。

1. Origin 红外光谱图的绘制

将保存样品".csv"数据导出 Origin 中，并以波数为横坐标绘制相应的折线图。双击数据图边框设置刻度及边框格式。双击数据折线图，设置红外光谱线的格式，如谱图出现噪点或粗糙，可进行平滑处理，获得如图 2-10 所示样品的原始红外光谱。

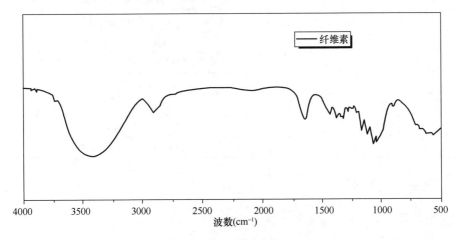

图 2-10 样品的红外光谱

2. Origin 寻峰与标峰

点击"$+$"标记下凸的峰位，并点击"T"标记其横坐标，如图 2-11 所示，样品 $3428cm^{-1}$、$2970cm^{-1}$、$2899cm^{-1}$、$1638cm^{-1}$、$1430cm^{-1}$、$1376cm^{-1}$、$1335cm^{-1}$、$1056cm^{-1}$和$895cm^{-1}$出现了较为明显的特征吸收，其对应样品不同化学结构单元振动的红外吸收。

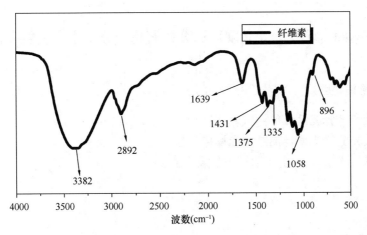

图 2-11 样品的红外光谱峰位的标记

3. 结构分析与鉴别

查阅红外光谱，查找样品图谱红外吸收所对应化学键的特征吸收，并基于此判断物质化学结构。样品红外吸收谱带归属如表 2-1 所示，其中—OH、—CH_3/—CH_2，C—O 以及环状 C—O—C 均为典型的纤维素特征峰，表明所测样品主要成分为纤维素。

表 2-1 样品红外吸收谱带归属说明

波数/（cm^{-1}）	吸收谱带归属及说明
3428	-OH 伸缩振动
2970	-CH$_3$或-CH$_2$的伸缩振动
2899	-CH$_3$或-CH$_2$的伸缩振动
1638	键合的-OH 伸缩振动
1430	-CH$_2$键的对称弯曲振动，为纤维素 I 的结晶带
1376	C-H 的弯曲振动
1335	-OH 的面内弯曲振动
1056	C-O 的伸缩振动
895	C-O-C 不对称面外伸缩振动

七、思考题

1. 解析红外光谱的顺序是什么？为什么？
2. 用红外光谱怎么区分烷烃、烯烃和炔烃？
3. 有哪些物质可以进行红外光谱分析？试分析红外光谱测定的条件。

八、参考资料

［1］ 叶代勇，黄洪，等．纤维素化学研究进展[J]．化工学报，57(2006)：1782-1791.
［2］ 高荣强，范世福．现代近红外光谱分析技术的原理及应用[J]．分析仪器，2002(3)：9-12.

实验4 荧光分光光度计法分析有机小分子激发发射光谱

一、实验目的

1. 学习荧光分光光度计的测试基本原理。
2. 学习荧光分光光度计的结构和操作方法。
3. 学习激发光谱、发射光谱曲线的绘制方法。

二、实验原理

1. 基本原理

由高压汞灯或氙灯发出的紫外光和蓝紫光经滤光片照射到样品池中，激发样品中的荧光物质发出荧光，荧光被光电倍增管所接收，然后以图或数字的形式显示出来。

在通常状况下，处于基态的物质分子吸收激发光后变为激发态，这些处于激发态的分子是不稳定的，在返回基态的过程中将一部分的能量又以光的形式放出，从而产生荧光。

不同物质由于分子结构的不同，其激发态能级的分布具有各自不同的特征，这种特征反映在荧光上表现为各种物质都有其特征荧光激发和发射光谱；因此可以用荧光激发和发射光谱的不同来定性地进行物质的鉴定。

在溶液中，当荧光物质的浓度较低时，其荧光强度与该物质的浓度通常有良好的正比关系，即 $I_F = KC$，利用这种关系可以进行荧光物质的定量分析，与紫外-可见分光光度法类似，荧光分析通常也采用标准曲线法进行。

当荧光物质分子受到光辐射后，不但产生荧光，而且将产生干扰荧光分析的瑞利散射光及其倍频光谱。对于液体样品，不但会产生瑞利散射光及其倍频光谱，同时还会产生拉曼光谱，这些光谱构成了对荧光光谱的干扰，在荧光光谱的测定和荧光物质的定量分析中必须给以识别和消除。

2. 仪器基本结构

（1）光源

对激发光源，主要考虑其稳定性和强度，因为光源的稳定性直接影响测量的重复性和精确度，而光源的强度又直接影响测定的灵敏度。荧光测量中常用的光源包括高压汞灯或氙灯。氙灯产生强烈的连续辐射，其波长范围在 250～700nm；高压汞灯发射 365nm、405nm、436nm、546nm、579nm、690nm 和 734nm 的线状谱线，测量中常用 365nm、405nm、436nm 三条谱线。目前大部分荧光分光光度计都采用 150W 和 500W 的氙灯作为光源；现代荧光仪器也采用 12V/50W 的新型溴钨灯作为光源，在 300～700nm 波段发射连续光谱。此外，20 世纪 70 年代开始用激光作为激发光源，激光光源单色性好、光强度大、脉冲激光的光照时间短，可以避免某些感光物质的分解。

（2）单色器

荧光分析仪有两个单色器，激发单色器（第一单色器）和荧光单色器（第二单色器）。第一单色器的作用是将不需要的光滤去，使需要的激发光透过而照射到样品池，第二单色器将由激发光所产生的反射光、瑞利散射光、拉曼散射光和由溶液中杂质所产生的大多数荧光滤去。滤光片荧光计采用滤光片做单色器，结构简单，价格便宜，用于已知组分样品的定量分析，不能提供激发光谱或荧光光谱。荧光分光光度计都采用光栅分光，可以获得单色性好的激发光，并能分出某一波长的荧光，以减少干扰，而且可以扫描激发光谱或荧光光谱。

（3）样品室

通常由石英池（液体样品用）或固体样品架（粉末或片状样品）组成。测量液体时，光源与检测器成直角安排；测量固体时，光源与检测器成锐角安排。

（4）检测器

一般用光电管或光电倍增管作检测器，可将光信号放大并转为电信号（图 2-12）。

3. 应用范围

目前，荧光分光光度法在各个领域

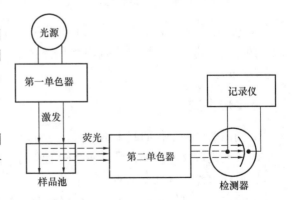

图 2-12 荧光分析仪基本部件示意图

内得到广泛应用，如有机电致发光和液晶等工业材料，水质分析等环境相关领域，荧光试剂的合成与开发等制药领域，细胞内钙离子浓度测定等生物技术相关领域。荧光分析计以高灵敏度、快速的扫描速度及优异的性能，为越来越多的实验人员助力科研创新。

三、实验仪器和试剂

1. 实验仪器和设备

日立 F-4600 荧光分光光度计、四通石英样品池等。

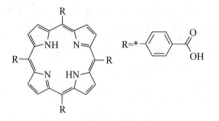

图 2-13　中-四（4-羧基苯基）卟吩分子结构

2. 实验试剂和耗材

中-四（4-羧基苯基）卟吩、N，N-二甲基甲酰胺（DMF）、擦镜纸等，分子结构如图 2-13 所示。

四、实验步骤

1. 打开电脑，打开仪器，连接软件。

2. 将中-四（4-羧基苯基）卟吩的 DMF 溶剂放进四通石英样品池。

3. 打开仪器上盖，将样品池放入测试位，在软件界面"Method"选项卡里进行扫描参数的设置。先固定激发波长为 550nm，设置发射波长范围为 600～800nm，扫速 1200nm/min，点击"Measure"按钮开始测试发射光谱。测试完毕保存谱图。

4. 固定上组发射波长最高峰为发射波长，并设置一定的激发波长范围，测激发光谱。测试完毕保存谱图，是有机小分子的激发光谱。

5. 固定上组激发波长最高峰为激发波长，并设置一定的发射波长范围，测发射光谱。测试完毕保存谱图，该图谱是有机小分子的发射光谱。

6. 关闭软件（关光源和软件界面），关闭仪器和电脑，并对样品池进行清理。

五、注意事项

DMF 溶剂腐蚀性较强，使用时要小心。DMF 作为有机溶剂，清理时不能直接倒入水道，要倒入专用容器。

六、实验结果与数据处理

通过仪器得到的激发光谱和发射光谱通过 Origin 作图即可，如图 2-14 所示，可以看出中-四（4-羧基苯基）卟吩的 DMF 溶剂的最大荧光激发位置是 581nm，最大荧光发射位置是 724nm。

七、思考题

1. 画出荧光光谱仪的基本结构图。

2. 荧光光谱仪与紫外光谱仪在结构上有何不同？为什么要这样设计？

3. 简述荧光光谱仪测试的一般步骤。

4. 与紫外光谱仪相比，荧光光谱仪的原理有什么不同？

5. 在荧光测量时，为什么激发光的入射线与接收荧光的检测器不在一条直线上，而应成一定角度？

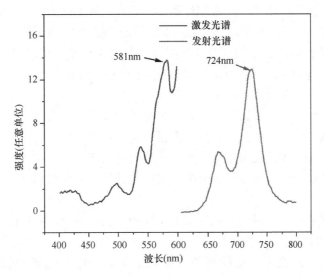

图2-14 中-四（4-羧基苯基）卟吩的 DMF 溶液的激发光谱和发射光谱

八、参考资料

［1］ Wang X. S. ，Chen C. H. ，Ichihara F. ，et al. Toward visible-light-assisted photocatalytic nitrogen fixation：A titanium metal organic framework with function alized ligands［J］. Appl. Catal. B：Environ. 2020，267，118686.

［2］ Wang X S. ，Chen C. H. ，Ichihara F. ，et al. Integration of adsorption and photosensitivity capabilities into a cationic multivariate metal-organic framework for enhanced visible-light photoreduction reaction［J］. Appl. Catal. B：Environ. 2019，253，323-330.

实验5 动态光散射法测量纳米粒子的粒径及其分布

一、实验目的

1. 了解动态光散射法的原理。

2. 了解动态光散射仪的基本结构。

3. 掌握动态光散射法测量纳米颗粒的粒径及其分布的操作方法。

4. 采用动态光散射法进行纳米颗粒的粒径分析。

二、实验原理

1. 布朗运动导致光强波动

微小粒子在介质中会无规则运动，即进行布朗运动。布朗运动的速度依赖于粒子的大小和粒子所在介质（如水、有机溶剂等）的黏度，粒子越小，介质黏度越小，布朗运动越快。

2. 光信号与粒径的关系

光通过胶体时，粒子会将光散射，在一定角度下可以检测到光信号，所检测到的信号是多个散射光子叠加后的结果，具有统计意义。瞬间光强不是固定值，而是在某一平均值下波动，但波动振幅与粒子粒径有关。某一时刻的光强与另一时刻的光强相比，在极短时间内，可以认为是相同的，相关度为1，在稍长时间后，光强相关度下降，时间无穷长时，光强完全与之前的不同，认为相关度为0。根据光学理论可得出，正在做布朗运动的粒子速度，与粒径（粒子大小）相关。

大粒子运动缓慢，小粒子运动快速。如果测量大粒子，那么由于它们运动缓慢，散射光斑的强度也将缓慢波动。类似地，如果测量小粒子，那么由于它们运动快速，散射光斑的强度也将快速波动。相关关系函数衰减的速度与粒径相关，小粒子的衰减速度大大快于大粒子的。最后通过光强波动变化和光强相关函数计算出粒径及其分布。

3. 分布系数

分布系数体现了粒子粒径均一化程度，是粒径表征的一个重要指标。

4. 动态光散射仪

动态光散射仪由激光器、空间滤波、扩束透镜、光电探测器和数据采集系统组成（图 2-15）。

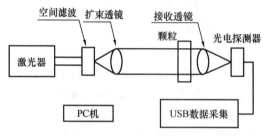

图 2-15　动态光散射仪结构示意图

动态光散射测量依赖于时间的散射光强波动。由动态光散射可以得到粒子扩散速度的信息，进而从 Stokes-Einstein 方程 $D=kT/3\pi\eta D_H$（k——玻尔兹曼常数；T——绝对温度；η——黏度）得到流体力学直径（D_H）。

5. 纤维素纳米晶

纤维素纳米晶（CNC）是从天然纤维中提取出的一种纳米级纤维素，它不仅具有纳米颗粒的特征，还具有一些独特的强度和光学性能，具有广阔的应用前景。纤维素纳米晶形态各种各样，常见的结构有棒状、片状和球状（图 2-16）。尺寸也从几纳米到几百纳米不等。可以通过调控实验条件得到相应尺寸和形态的纤维素纳米晶。

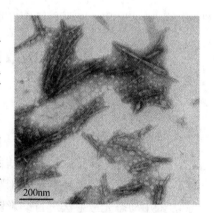

图 2-16　纤维素纳米晶电镜形貌图

三、实验仪器和试剂

1. 实验仪器

马尔文 Zetasizer Nano S 动态光散射仪、样品池。

2. 实验试剂

纤维素纳米晶悬浮溶液（或 TiO_2 分散液）。

四、实验步骤

1. 了解动态光散射仪的结构

动态光散射仪的组成如图 2-15 所示。

2. 样品制备

称量 5～10mg 的纤维素纳米晶（TiO_2），分散进 50mL 去离子水中。超声 5min 使纤维素纳米晶（TiO_2）分散均匀，得到待测样品悬浮液。

3. 打开粒径分析仪

开启粒径分析仪电源，设备预热 30min，使设备温度与环境温度相近。

4. 开启电脑

电脑开机，将软件与粒径分析仪进行连接，建立数据存储路径。

5. 设置测量参数

在软件页面设置好相关参数，样品名、样品介质参数、选择分散介质，同时设置测试温度等相关参数。

6. 测量样品

将样品装入样品池中，样品高度在 1.0～1.5cm，将样品池放入仪器，关闭盖子，开始测试，测试完毕之后，查看并保存所得的粒径分布数据谱图。

7. 测试结束

测试完毕之后，将样品池取出，清洗干净，放入下一个样品继续测试，或者进行关机操作，即关闭软件、仪器和电脑。

五、注意事项

1. 样品

（1）如果样品浓度很高，则需要将溶液稀释。

（2）稀释样品时须注意保持样品原来的性质。

（3）如果样品很多，稀释液可以由过滤或者离心原来的样品溶液，除去溶质而得到。

（4）如果样品较少，稀释液应尽量按原溶液性质制备。

2. 过滤

（1）灰尘是影响光散射实验最主要的问题之一，可能导致测试失败。

（2）为了避免灰尘的影响，样品溶液在测试之前应该被适当的过滤。

（3）商业化的注射管过滤膜网眼的尺寸通常从 20nm 到 $1\mu m$。

3. 注入溶液

（1）只用干净的样品池。

（2）缓慢注入溶液以避免气泡。

（3）如果使用注射管滤膜过滤样品，放弃开始的几滴溶液以避免在滤膜下面的灰尘进入样品池。

（4）用盖子将样品池封住。

六、实验结果和数据处理

1. 光波动数据的处理

散射光光强波动，与颗粒粒径的大小尺寸相关，但是这种波动性在短期内是看似没有规则的，更不可能通过肉眼来辨别哪个波动更快，哪个波动更慢。这种波动性的统计是通过处理器进行的时间相关性统计。这个处理器叫作相关器。

在相关器中设有多个记录通道，这些通道在记录光强信号的过程中渐次延迟。延迟的时间间隔叫作相关时间。如果在某一时刻（比如 t）将散射光斑特定部分的光强信号，与极短时间后（$t+\delta t$）的光强信号相比较，将发现，两个信号是非常相似的，或是强烈相关的。然后，如果比较时间稍提前一点（$t+2\delta t$）的原始信号，这两个信号之间仍然存在相对良好的相关性，但它也许不如 $t+\delta t$ 时。因此，这种相关性是随时间减少的。

现在考虑在 t 时的光强信号与随后更多时间的光强信号，两个信号互相没有关系，因为粒子是在任意方向运动的（由于布朗运动）。在这种情况下，可以说这两个信号没有任何相关。使用 DLS，可处理非常短的时间标度。在典型的散射光斑模式中，使相关关系降至 0 的时间长度，处于 1～10 毫秒级。稍后短时（δt）将在纳秒或微秒级。如果将 t 时的信号强度与它本身比较，得到完美的相关关系，因为信号是同一个。完美的相关关系为 1，没有任何相关关系为 0。如果继续测量在 $(t+3\delta t)\sim(t+4\delta t)\sim(t+5\delta t)\sim(t+6\delta t)$ 时的相关关系，相关关系将最终减至 0。相关关系和时间的典型相关关系曲线如图 2-17 所示。

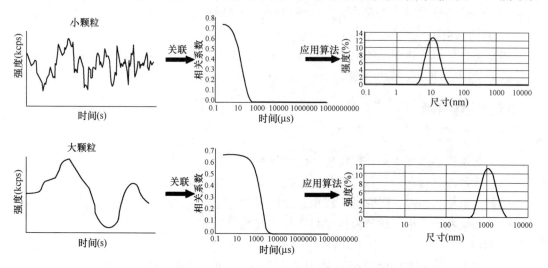

图 2-17　大小粒子的散射光信号通过相关器得到的光强波动、相关曲线和粒径分布

2. 解析相关曲线函数得到粒径信息

相关曲线或者相关函数是动态光散射技术得到的最原始的信号。所有的有关粒径及其分布的信息，都是对相关曲线解析得到的。解析方法如下：

（1）单分散样品

单分散样品一个重要的特点是，所有颗粒的粒径都具有相同的尺寸，即没有分布。当得到其相关方程后，用一个简单的函数进行拟合：

$$g_1(\tau) = A \cdot \exp(-\Gamma \cdot \tau)$$

其中，g_1 为通过相关器得到的相关函数，τ 为相关时间，通过拟合可以得到两个未知数 A 和 Γ。其中 A 为相关函数的平台高度，代表了样品的信噪比。正常的情况下 A 会小于 1，而 A 越接近于 1 说明测试的信噪比越高。而 Γ 为相关方程的衰减率，其单位为 s^{-1}，与粒子的运动速度，即扩散系数相关：

$$\Gamma = q^2 \cdot D$$

式中　q——光学常数。

$$q = \frac{4\pi n}{\lambda} \sin\left(\frac{\theta}{2}\right)$$

式中　n——溶剂的折光指数；

　　　λ——激光的波长；

　　　θ——观测角度。

粒子的扩散系数 D，单位为 $\mu \mathrm{m}^2/\mathrm{s}$，与粒子的粒径（也称为流体力学直径 D_{H}）通过斯托克斯-爱因斯坦方程联系起来

$$D = \frac{K_{\mathrm{B}}T}{3\pi\eta D_{\mathrm{H}}}$$

式中　K_{B}——玻尔兹曼常数；

　　　T——环境温度，单位是 K；

　　　η——溶剂黏度，单位为 c_{p}。

（2）多分散体系

多分散体系的样品颗粒物之间的粒径不一致，即其粒径具有分布。对于样品需要得到其平均粒径，还需要得到粒径分布的信息。有两种拟合相关函数的方法，一种是累积矩法，另一种是多指数拟合模型。

① 累积矩法

累积矩法对于相关函数拟合的方程为：

$$\ln g(\tau) = \ln A - \overline{\Gamma} \cdot \tau + \left(\frac{\mu_2}{2!}\right) \cdot \tau^2 - \left(\frac{\mu_3}{3!}\right) \cdot \tau^3$$

其中四个未知数被拟合出来，A 仍旧是相关函数的平台高度代表信噪比，$\overline{\Gamma}$ 为平均衰减率，通过 $\overline{\Gamma} = q^2 D$ 得到所有颗粒的平均扩散系数 $\overline{D}$，将平均扩散系数带入斯托克斯-爱因斯坦方程：

$$\overline{D} = \frac{K_{\mathrm{B}}T}{3\pi\eta \overline{D}_{\mathrm{H}}}$$

得到颗粒的平均粒径 $\overline{D}_{\mathrm{H}}$ 即平均的流体力学直径。在动态光散射中，通常将平均粒径称作 Zave，表示得到的是光强权重的 Z 平均直径。

方程中 μ_2 的大小代表了颗粒粒径分布宽窄，通过 $PDI = \mu_2/\overline{\Gamma}$ 定义颗粒的分布系数即 PDI 值（Polydispersity Index）。经验上来说，PDI 对应的样品分散性如表 2-2 所示。

表 2-2　*PDI* 与样品分散性关系

样品	*PDI*
单分散样品	0～0.05
窄分布样品	0.05～0.08
适中分布样品	0.08～0.7
宽分布样品	＞0.7

DLS 技术是一个适合检测分布相对较窄体系的测量技术，如果 *PDI* 大于 0.7，通常需要考虑结果是否可靠。

② 多指数拟合模型

多指数拟合模型比较复杂，涉及拉普拉斯转换、多组拟合参数设定及其拟合程度调节。简单地理解为通过类似下面的公式进行拟合

$$g_1(\tau) = \sum_1^n G(\Gamma_i)\exp(-\Gamma_i\tau)$$

其中 n 定义有多少组拟合参数，每一组包括一个衰减率 Γ_i 对应为一个粒径组分 D_i，和一个强度参数 G_i，拟合结果是得到一组这样的结果，如图 2-18 所示。

当以粒径为横坐标、强度为纵坐标作图就得到了粒径分布图（图 2-19）。

DLS 技术最原始得到的是以颗粒的散射光为权重的光强分布，但是软件中通常也可以转化为以颗粒的体积和数量为权重的分布，下面看看这三种不同权重分布的区别与联系。

尺寸(nm)	光强(%)	尺寸(nm)	光强(%)	尺寸(nm)	光强(%)
0.4	0.0	13.54	0.0	458.7	5.1
0.463	0.0	15.69	0.0	531.2	3.1
0.537	0.0	18.17	0.0	615.1	1.4
0.621	0.0	21.04	0.0	712.4	0.4
0.72	0.0	24.36	0.0	825	0.0
0.833	0.0	28.21	0.0	955.4	0.0
0.965	0.0	32.67	0.0	1106	0.0
1.117	0.0	37.84	0.0	1281	0.0
1.294	0.0	49.82	0.0	1484	0.0
1.499	0.0	50.75	0.0	1718	0.0
1.736	0.0	58.77	0.0	1990	0.0
2.01	0.0	68.06	0.0	2305	0.0
2.328	0.0	78.82	0.1	2669	0.0
2.696	0.0	91.28	1.0	3091	0.0
3.122	0.0	105.7	2.7	3580	0.0
3.615	0.0	122.4	5.1	4145	0.0
4.187	0.0	141.8	7.6	4801	0.0
4.849	0.0	164.2	9.8	5560	0.0
5.615	0.0	190.4	11.4	6493	0.0
6.503	0.0	220.2	12.2	7456	0.0
7.531	0.0	255	12.1	8635	0.0
8.721	0.0	295.3	11.2	10000	0.0
10.1	0.0	342	9.5		
11.7	0.0	396.1	7.4		

图 2-18　粒径分布

3. Intensity（光强）、Volume（体积）和 Number（数量）分布

光强、体积和数量分布之间差异的简单方式，是考虑只含两种粒径（5nm 和 10nm）且每种粒子数量相等的样品。

图 2-20（a）显示了数量分布结果，可以预期有两个同样粒径（1∶1）的峰，因为有相等数量的粒子。

图 2-20（b）显示体积分布的结果，50nm 粒子的峰区比 5nm（1∶1000 比值）的峰区大 1000 倍。这是因为，50nm 粒子的体积比 5nm 粒子的体积（球体的体积等于 $4\pi r^3/3$）大 1000 倍。

图 2-20（c）显示光强度分布的结果。50nm 粒子的峰区比 5nm（1∶1000 比值）的峰区大 1000000 倍（比值 1∶1000000）。这是因为大颗粒比小粒子散射更多的光（粒子散射光强与其直径的 6 次方成正比得自瑞利近似）。

需要再说明的是，从 DLS 测量得到的基本分布是光强分布，所有其他分布均由此通

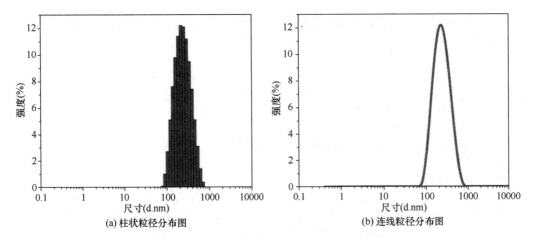

(a) 柱状粒径分布图　　　　　(b) 连线粒径分布图

图 2-19　柱状粒径分布图和连线粒径分布图

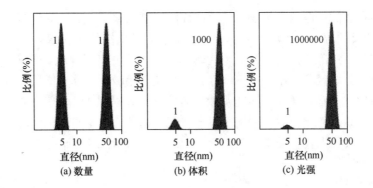

(a) 数量　　　　　(b) 体积　　　　　(c) 光强

图 2-20　光强、体积和数量分布之间关系

过米氏理论演化计算生成。

七、思考题

1. 动态光散射测定粒子尺寸的原理是什么?

2. 在实验之前为什么要除尘?

八、参考资料

［1］ Uğur Tüzün, Farhad A. Dynamic particle size analysis with light scattering technique［J］. 1986.

［2］ Jing He, Shi-min Wang, Jian chun Cheng, et al. Inversion of particle size distribution from light scattering spectrum［J］. 1996.

实验 6 动态光散射法测量 Zeta 电位的基本原理和实验分析

一、实验目的

1. 了解动态动态光散射测量 Zeta 电位的原理。
2. 了解 Zeta 电位的概念和应用。
3. 了解 Zeta 电位仪器的基本构造和操作流程。

二、实验原理

Zeta 电位是纳米材料的一种重要表征参数。现代仪器可以通过简便的手段快速准确测得，大致原理为：通过电化学原理将 Zeta 电位的测量转化成带电粒子淌度的测量，而粒子淌度的测量是通过动态光散射，运用波的多普勒效应测得。

1. Zeta 电位与双电层

粒子表面存在的净电荷，影响粒子界面周围区域的离子分布，导致接近表面抗衡离子（与粒子电荷相反的离子）浓度增加。于是，每个粒子周围均存在双电层。围绕粒子的液体层存在两部分：一部分是内层区，称为 Stern 层，其中离子与粒子紧紧地结合在一起；另一部分是外层分散区，其中离子不那么紧密与粒子相吸附。在分散层内，有一个抽象边界，在边界内的离子和粒子形成稳定实体。当粒子运动时（如由于重力），在此边界内的离子随着粒子运动，但此边界外的离子不随着粒子运动。这个边界称为流体力学剪切层或滑动面。在这个边界上存在的电位即称为 Zeta 电位，如图 2-21 所示。

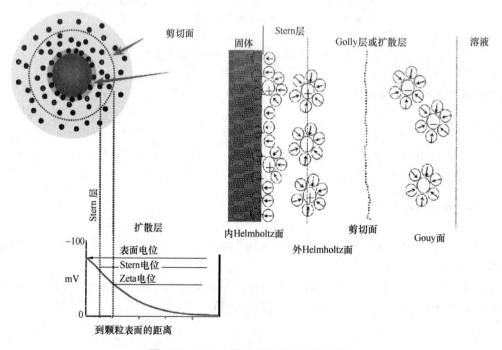

图 2-21 Zeta 电位与双电层结构示意图

Zeta电位是一个表征分散体系稳定性的重要指标。由于带电粒子吸引分散区中带相反电荷的粒子，离粒子表面近的离子被强烈束缚，而那些距离较远的离子形成一个松散的电子云，电子云的内外电位差就叫Zeta电位，也称电动电位（只有当胶粒在介质中运动时才会表现出来），实际上就是扩散层内的电位差。ξ电位较高时，粒子能保持一定距离削弱和抵消范德华引力，从而提高颗粒悬浮系统的稳定性。反之，当ξ电位较低时，粒子间的斥力减小并逐步靠近，进入范德华引力范围内，粒子会互相吸引、团聚。ξ电位与液体递质内的粒子质量分数有关，改变液体的pH值、增加体系的盐含量都会引起双电层压缩，改变粒子的ξ电位，降低颗粒间的静电排斥作用，从而影响颗粒悬浮系统的稳定性。

2.Zeta电位与胶体的稳定性（DLVO理论）

20世纪40年代Derjaguin、Landau、Verway与Overbeek提出了描述胶体稳定的理论，认为胶体体系的稳定性是当颗粒相互接近时，它们之间的双电层互斥力与范德华力的净结果。此理论提出，当颗粒接近时，颗粒之间的能量障碍来自互斥力，当颗粒有足够的能量克服此障碍时，范德华力将使颗粒进一步接近并不可逆地粘在一起（图2-22）。

Zeta电位可用来作为胶体体系稳定性的指示：

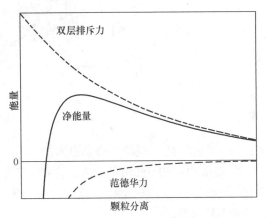

图2-22　Zeta电位与胶体的稳定性

如果粒子带有很多负的或正的电荷，也就是说具有很高的Zeta电位，它们会相互排斥，从而达到整个体系的稳定性；如果颗粒带有很少负的或正的电荷，也就是说具有它的Zeta电位很低，它们会相互吸引，从而达到整个体系的不稳定性。

一般来说，Zeta电位愈高，颗粒的分散体系愈稳定，水相中颗粒分散稳定性的分界线一般认为在+30mV或-30mV，如果所有颗粒都带有高于+30mV或低于-30mV的Zeta电位，则该分散体系应该比较稳定。

三、影响Zeta电位的因素

分散体系的Zeta电位可因下列因素而变化：pH值的变化，溶液电导率的变化，某种特殊添加剂的浓度，如表面活性剂、高分子。

测量一个粒子的Zeta电位作为上述变量的变化，可了解产品的稳定性，反过来也可决定生成絮凝的最佳条件。

1.Zeta电位与pH值（图2-23）

影响Zeta电位最重要的因素是pH值，当谈论Zeta电位时，不指明pH值根本一点意义都没有。

假定在悬浮液中有一个带负电的颗粒；假如往这一悬浮液中加入碱性物质，颗粒会得到更多的负电；假如往这一悬浮液中加入酸性物质，在一定程度时，颗粒的电荷将会被中

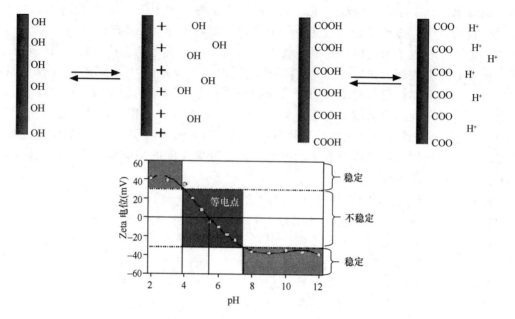

图 2-23　Zeta 电位与 pH 值的关系

和；进一步加入酸，颗粒将会带更多的正电。

作 Zeta 电位和 pH 值的关系图在低 pH 值将是正的，在高 pH 值将是负的。这中间一定有一点会通过零 Zeta 电位，这一点称为等电点，是相当重要的一点，通常在这一点胶体是最不稳定的。

2. Zeta 电位与电导率

双电层的厚度与溶液中的离子浓度有关，可根据介质的离子强度进行计算，离子强度越高，双电层愈压缩，离子的化合价也会影响双电层的厚度，三价离子（Al^{3+}）将会比单价离子（Na^+）更多地压缩双电层。

无机离子可有两种方法与带电表面相互作用：

（1）非选择性吸附，对于等电点没有影响。

（2）选择性吸附，会改变等电点。

即使很低浓度的选择性吸附离子，也会对 Zeta 电位有很大的影响，有时选择性吸附离子甚至会造成颗粒从带负电变成带正电，从带正电变成带负电。

3. Zeta 电位与添加剂浓度

研究样品中的添加剂浓度对产品 Zeta 电位的影响，可为研发稳定配方的产品提供有用的信息。样品中已知杂质对 Zeta 电位的影响，可作为研制抗絮凝的产品的有力工具。

四、Zeta 电位测量理论

1. 带电粒子的动电学效应

表面电荷的存在使得颗粒在一外加电场中呈现某些特殊效应，这些效应总称为动电学效应，根据引入运动的方式，有四种不同的动电学效应。

电泳：在外加电场中带电颗粒相对于静止悬浮液体的运动。

电渗：在外加电场中相对于静止带电表面的液体运动。

流动电势：当液体流过静止表面时所产生的电场。

沉降电势：当带电颗粒在静止液体中流动时所产生的电场。

2. Zeta 电位计算原理

在一平行电场中，带电颗粒向相反极性的电极运动，颗粒的运动速度与下列因素有关：

（1）电场强度，介质的介电常数，介质的黏度（均为已知参数）。

（2）Zeta 电位（未知参数）。

（3）Zeta 电位与电泳淌度之间由 Henry 函数相连（图 2-24）。

Zeta 电位计算公式如图 2-24 所示。

$$U_E = \frac{2\varepsilon\zeta}{3\eta}g(\text{ka})$$

式中　U_E——电泳淌度；

ε——介电常数（F/m）；

ζ——Zeta 电位（mV）；

η——黏度（Poise）。

由 Henry 函数可以看出，只要测得粒子的淌度、查到介质的黏度、介电常数等参数，就可以求得 Zeta 电位。

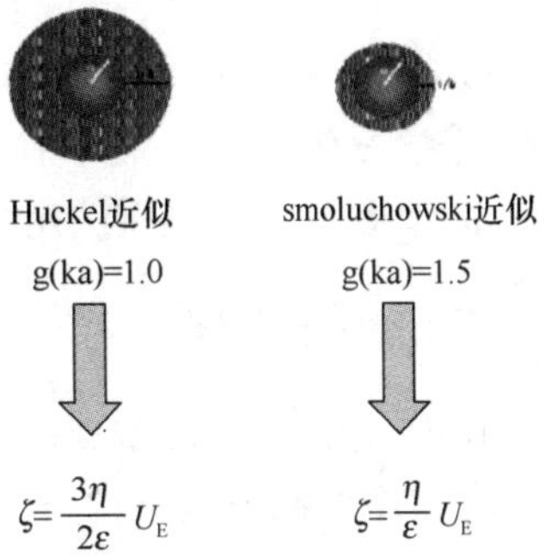

Huckel近似　　　smoluchowski近似

g(ka)=1.0　　　g(ka)=1.5

$$\zeta = \frac{3\eta}{2\varepsilon}U_E \qquad \zeta = \frac{\eta}{\varepsilon}U_E$$

图 2-24　Zeta 电位计算公式

五、实验仪器和试剂

1. 实验仪器

pH 计，动态光散射粒径仪。

2. 实验试剂

木质素，去离子水，预先制备 pH 值分别为 2、4、6、8、10 的溶液。

六、实验步骤

1. 开机操作：打开电脑，打开仪器，连接软件。

2. 取 2μL 木质素置于 2mL 不同 pH 值溶液中，并润洗比色皿。

3. 测量木质素在不同 pH 值下的 Zeta 电位，分析实验结果。

4. 测试完毕，保存数据，清理比色皿，关掉软件和仪器。

七、实验结果和数据处理

通过仪器测试会得到木质素在不同 pH 值溶液中的 Zeta 电位，根据仪器测试的数据用 Origin 软件画出木质素的 Zeta 电位随 pH 值变化的曲线，并分析实验结果，得出木质素可稳定存在的 pH 值范围。

八、思考题

为什么木质素在 pH 值为 2 时会出现聚沉现象？

九、参考资料

陈鹰，周莹，厉艳君，等；高浓度纳米二氧化硅浆料 Zeta 电位的测量[J]. 理化检验（物理分册），2020，56(11)，19-25.

实验 7 草酸钙的热重分析

一、实验目的

1. 了解热重分析法的基本原理。
2. 学习热重分析仪的基本操作方法。
3. 掌握草酸钙热重法定性、定量分析方法。

二、实验原理

1. 热重法（TG 或 TGA）

在程序控制温度条件下，测量物质的质量与温度关系的一种热分析方法。其数学表达式为：

$$\Delta W = f(T) \text{ 或 } \Delta W = f(\tau)$$

式中：ΔW——质量变化；

$\quad\quad T$——绝对温度；

$\quad\quad \tau$——时间。

热重法试验得到的曲线称为热重（即 TG）曲线。

TG 曲线以质量（或百分率%）为纵坐标，从上到下表示减少，以温度或时间作横坐标，从左自右增加，试验所得的 TG 曲线（图 2-25），对温度或时间的微分可得到一阶微商曲线 DTG 和二阶微商曲线 DDTG。

TG 试验及影响试验结果准确性的因素：升温速率、气氛、样品池、样品、挥发物的再冷凝等。

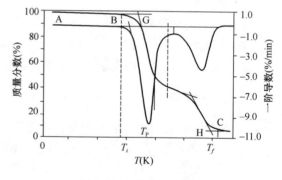

图 2-25 TG 曲线示意图

2. 热重分析仪

用于热重法的装置是热天平（热重分析仪）。热天平由天平、加热炉、程序控温系统与记录仪等组成。

热天平测定样品质量变化的方法有变位法和零位法。

变位法，利用质量变化与天平梁的倾斜成正比的关系，用直接差动变压器控制检测。

零位法，靠电磁作用力使因质量变化而倾斜的天平梁恢复到原来的平衡位置（即零位），施加的电磁力与质量变化成正比，而电磁力的大小与方向是通过调节转换机构中线圈中的电流实现的，因此检测此电流值即可知质量变化。

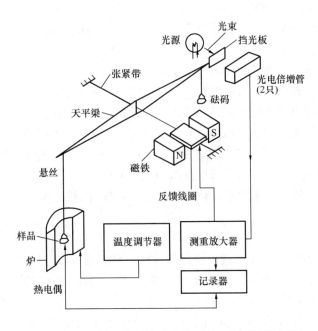

图 2-26　带光敏元件的热重法装置——热天平示意图

图 2-26 为带光敏元件的自动记录热天平示意图。天平梁倾斜（平衡状态被破坏）由光电元件检出，经电子放大后反馈到安装在天平梁上的感应线圈，使天平梁又返回到原点。

3. 草酸钙的热稳定性

草酸钙，CaC_2O_4，分子量 128.10g/mol，密度 $2.20g/cm^3$。

草酸钙是一种白色晶体粉末，不溶于水、醋酸，溶于浓盐酸或浓硝酸，灼烧时转变成碳酸钙或氧化钙。草酸钙由钙盐水溶液与草酸作用制得。用于陶瓷上釉、制草酸等，呈弱酸性。含有结合水的草酸钙在 $100\sim200℃$ 会出现结合水的失重，在 $350\sim420℃$ 出现第二次失重，失重的原因是 CaC_2O_4 分解出 CO，在 $840\sim950℃$ 出现第四个平台，对应于分解的最终产物 CaO。

三个脱水失重区间失重率的计算如下：

$$\Delta W_1\% = (W_0 - W_1)100\%/W_0$$
$$\Delta W_2\% = (W_1 - W_2)100\%/W_0$$
$$\Delta W_3\% = (W_2 - W_3)100\%/W_0$$

总失重率：$\Delta W = \Delta W_1 + \Delta W_2 + \Delta W_3$，即 $\Delta W\% = (W_0 - W_3)100\%/W_0$

残渣：$100\% - \Delta W\% = W_{渣}\%$

三、实验仪器与材料

仪器：TGA/DSC1/1600 梅特勒-托利多仪器（上海）有限公司。

样品池（小坩埚）；分析天平 EL204，高纯氮气（99.999％）。

四、实验步骤

1. 了解热重分析仪的结构

了解热重分析仪的结构，包括控制程序、样品池、测试气氛、检测系统、记录和数据处理系统。

2. 热重分析定量、定性分析草酸钙的热稳定性

（1）用分析天平称取 3～8mg 草酸钙粉末，置于样品池中，尽量保证样品均匀铺在坩埚底部，然后将盛有草酸钙的坩埚放在热天平正中间，准备测试。

（2）在测试前保证保护气（高纯氮）全程保持 20mL/min 的流速，并在程序控制系统将坩埚质量、样品质量、反应气氛的流速（30mL/min）、升温速率（20k/min）、起始温度（30℃）、终止温度（1000℃）等设置好，开始测试。

（3）数据保存，测试结束以后，将 TG 曲线和 DTG 曲线的测试结果图和数据保存好。

五、注意事项

1. 使用热重分析仪之前，先进行仪器的自检。自检通过，方可进行测试。

2. 仔细阅读实验指导书，掌握试验方法和步骤，尽量保证实验过程中不要晃动试验台，保证热分析天平的稳定。

3. 结束测试后，要将反应气氛的流速从 30mL/min 调至 10mL/min，减少氮气的损失，并将坩埚取出。

六、实验数据与结果

1. 画出热重分析仪结构简图。
2. 记录热重分析的操作步骤。
3. 简述草酸钙 TG 曲线中各失重代表什么，各平台代表什么物质。
4. 草酸钙热重分析的测定结果：
（1）草酸钙重量损失与温度的 TG 曲线和 DTG 曲线图；
（2）草酸钙重量损失与时间的 TG 曲线和 DTG 曲线图。

七、思考题

1. 升温速率的大小对实验结果会产生什么样的影响？
2. 为什么固体样品的大小要均匀，并且要均匀地置于样品池中？
3. 除了热重分析，还有哪些热分析的方法，它们和热重分析的区别在哪里？

八、参考文献

邹华红，胡坤，桂柳成，等．一水草酸钙热重-差热综合热分析的最优化表征方法[J]．广西科学院学报，2011，27（1），17-21.

实验 8　X 射线衍射技术物相分析及结晶度测试

一、实验目的

1. 了解 X 射线衍射仪的基本结构和操作。
2. 掌握 X 射线多晶衍射的基本原理和分析方法。
3. 掌握利用 X 射线衍射法进行物相分析的方法。
4. 掌握 X 射线技术计算结晶度的原理和分析方法。

二、实验原理

1. X 射线衍射技术

XRD 是利用 X 射线在晶体中的衍射现象来分析材料的晶体结构、晶格参数、不同结构相含量及内应力的方法。XRD 广泛应用于物相的表征，晶体学（晶粒大小、指标化、点参测定、解结构等）标定，薄膜分析，织构与残余应力研究，不同温度、气氛条件下的材料相变分析、微量样品和纳米材料表征等，主要为材料、纺织、地质、冶金、陶瓷、机械、石化、环保、医药等领域提供测试分析的技术支持。

2. X 射线衍射基本理论

布拉格方程是 X 射线衍射的最基本定律，当 X 射线满足布拉格方程时晶面上衍射束增强。布拉格方程：

$$2d\sin\theta = \lambda$$

式中：d——晶面参数；

　　　λ——衍射波长；

　　　θ——衍射角。

多晶粉末衍射是用单色的 X 射线照射多晶体试样，利用晶粒的不同取向来改变 θ，以满足布拉格方程。X 射线衍射仪主要由 X 射线光管、测角仪和检测器组成。

3. 两相结构结晶度的形成

聚合物是部分结晶（如 PE、PET、PP）或非晶（如无规立构 PS、PMMA 等），部分结晶聚合物习惯上被称为结晶聚合物。结晶度是表征聚合物材料的一个重要参数，它与聚合物许多重要性质直接相关，准确测定聚合物结晶度这个重要参数越来越受到人们的关注。目前各种测定结晶度的方法中，X 射线衍射法被公认具有明确的意义且应用广泛。

结晶聚合物的结构模型有多种，近来 Flory 等提出的"两相模型"结构能较好地解释聚合物的结晶结构。"两相模型"从统计力学出发，将晶格理论应用到高分子界面，指出半结晶聚合物片层间存在一个结晶-非晶中间相（Crystal-Amorphous Interphase）。中间相的性质既不同于晶相也不同于非晶相（各相同性），即高聚物结晶形态由 3 个区域组成：片层状三维有序区、非晶区、中间层（过渡层）。

4. X 射线衍射技术测试结晶度原理

由上述"两相模型"聚合物的结晶度可表示如下：

$$W_{c,x} = \frac{I_c}{I_c + K_x I_a}$$

式中：$W_{c,x}$——结晶度；

I_c——晶相积分强度；

K_x——校正系数；

I_a——非晶相积分强度。

结晶度的具体求算方法有作图法、曲线拟合分峰法、Ruland 法及回归线法等。

三、实验仪器与材料

仪器：德国 Bruker 公司 D8 advance 型多晶粉末 X 射线衍射仪。

所用试样：二氧化钛粉末、聚酯。

四、实验步骤

1. 打开冷却水循环装置：此机器设置温度在 20℃，一般温度不超过 25℃ 即可正常工作。

图 2-27　主机开关

2. 开主机：在衍射仪左侧面，将红色旋钮放在"1"的位置，将绿色按钮按下。此时机器开始启动和自检。启动完毕后，机器左侧面的两个指示灯显示为白色（图 2-27）。

3. 开高压：按下高压发生器按钮，高压发生器指示灯亮。如果是较长时间未开机，仪器将自动进行光管老化，此时按键为闪烁的蓝色，并且显示 COND。

4. 打开仪器控制软件：DFFRAC. Measurement Center 选择 lab manager，没有密码，回车进入软件界面。

5. 初始化：在 commander 界面上，勾上 request，然后点击 Int，对所有马达进行初始化（图 2-28）。

6. 测试条件设置：管压管流 40kV、40mA；选择光路和狭缝、设置测试条件，包括 scan type，2thelta 区间，step size，step time 等。

7. 测试：制样、放置样品，启动测试；完成后保存数据。

8. 关机：（1）关闭软件；（2）高压降至 20kV、5mA，10min 后按面板左上灯关高压；（3）按左下侧白色按钮关主机；（4）旋红色旋钮至 0 位；（5）关冷却水循环系统。

五、注意事项

1. 使用前，先进行仪器的预热和自检。自检通过，方可进行测试。

2. 冷却循环水压力 0.3～0.6MPa，温度 22～28℃。

3. 高压状态：左上指示灯黄色扇形。

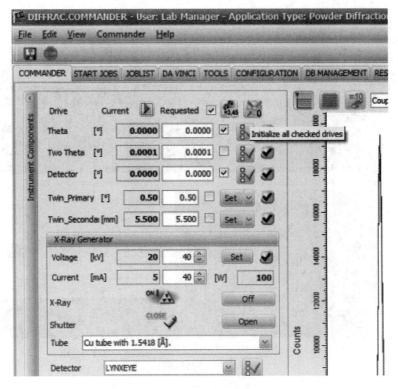

图 2-28　软件界面

4. 主机与设备链接情况：左下指示灯绿色。

5. 结束测试后，先关闭高压，而不关闭总电源，关闭软件，最后关闭循环水。

六、实验数据与结果

1. 数据采集结束后，另存为.raw 或.txt 格式，适用于大多数数据分析处理软件。

2. 例如在 Jade 数据处理软件中，可打开.raw 和.txt 格式的数据。对数据的处理基本过程一般包括：

（1）背底扣除，按照 linear、parabolic 或 cubic spline 算法，根据实验数据背底形态选择算法，进行背底扣除（图 2-29）。

（2）寻峰，如图 2-30 所示，选择寻峰算法和参数设置，计算峰位置、强度和晶面间距。

（3）物相分析，选择样品所属数据库类型，设置参数，进行 search/match 分析，获得物相分析结果（图 2-31）。

3. 输出结果，可通过 print setup 命令输出图片、图谱等格式结果。

七、思考题

1. X 射线衍射波长由什么确定的？波长与晶面间距有何关系？

2. 物相分析的基本原则是什么？

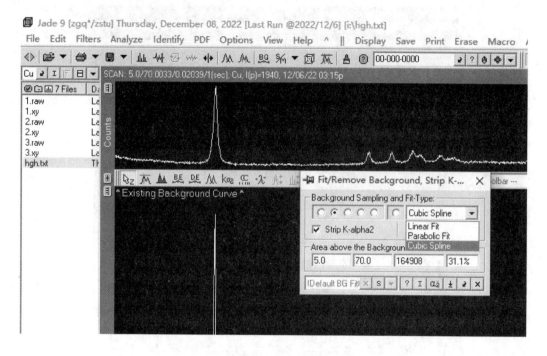

图 2-29　背底扣除

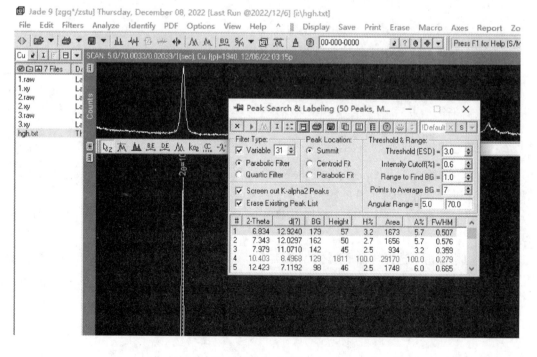

图 2-30　寻峰

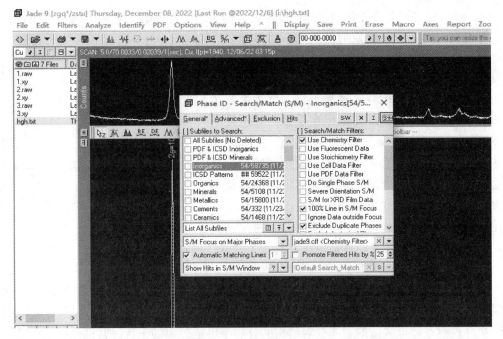

图 2-31　物相分析

八、参考文献

［1］　杨新萍．X 射线衍射技术的发展和应用［J］．山西师范大学学报（自然科学版），2007．

［2］　刘粤惠，刘平安．X 射线衍射分析原理与应用［M］．北京：化学工业出版社，2003．

［3］　徐斌，满建民，韦存虚．粉末 X 射线衍射图谱计算植物淀粉结晶度方法的探讨［J］．植物学报，2012．

实验 9　激光共聚焦扫描荧光显微镜分析牛肺动脉内皮细胞

一、实验目的

1. 掌握激光共聚焦彩色成像基本原理，并了解其应用。
2. 学习激光共聚焦显微镜的基本操作方法。
3. 掌握牛肺动脉内皮细胞（BPAEC）激光共聚焦图像分析方法。

二、实验原理

1. 荧光共振能量转移的原理

荧光共振能量转移（Fluorescence Resonance Energy Transfer，FRET）是指在两个不同的荧光基团中，如果一个荧光基团（供体 Donor）的发射光谱与另一个基团（受体 Acceptor）的吸收光谱有一定的重叠，当这两个荧光基团间的距离合适时（一般小于

100Å），就可观察到荧光能量由供体向受体转移的现象，即以前一种基团的激发波长激发时，可观察到后一个基团发射的荧光。简单地说，就是在供体基团的激发状态下，由一对偶极子介导的能量从供体向受体转移的过程。此过程没有光子的参与，所以是非辐射的，供体分子被激发后，当受体分子与供体分子相距一定距离，且供体和受体的基态及第一电子激发态两者的振动能级间的能量差相互适应时，处于激发态的供体将把一部分或全部能量转移给受体，使受体被激发。在整个能量转移过程中，不涉及光子的发射和重新吸收。如果受体荧光量子产率为零，则发生能量转移荧光熄灭；如果受体也是一种荧光发射体，则呈现出受体的荧光，并造成次级荧光光谱的红移（图 2-32）。

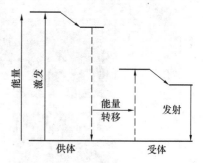

图 2-32　荧光共振能量转移

2. 激光共聚焦显微镜原理

激光共聚焦扫描显微技术（Confocal Laser Scanning Microscope，CLSM）是一种高分辨率的显微成像技术。普通的荧光光学显微镜在对较厚的标本（例如细胞）进行观察时，来自观察点邻近区域的荧光会对结构的分辨率形成较大的干扰。共聚焦显微技术的关键点在于，每次只对空间上的一个点（焦点）进行成像，再通过计算机控制的一点一点的扫描形成标本的二维或者三维图像。在此过程中，来自焦点以外的光信号不会对图像形成干扰，从而大大提高了显微图像的清晰度和细节分辨能力。

图 2-33 是一般共聚焦显微镜的工作原理示意图。用于激发荧光的激光束（Laser）透过入射小孔（Light Source Pinhole）被二向色镜（Dichroic Mirror）反射，通过显微物镜（Objective Lens）汇聚后入射于待观察的标本（Specimen）内部焦点（Focal Point）处。激光照射所产生的荧光（Fluorescence Light）和少量反射激光一起，被物镜重新收集后送往二向色镜。其中携带图像信息的荧光由于波长比较长，直接通过二向色镜并透过出射小孔（Detection Pinhole）到达光电探测器（Detector），通常是光电倍增管（PMT）或是雪崩光电二极管（APD），变成电信号后送入计算机。而由于二向色镜的分光作用，残余的激光则被二向色镜反射，不会被探测到。

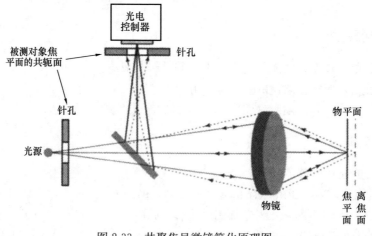

图 2-33　共聚焦显微镜简化原理图

图 2-34 解释了出射小孔所起到的作用：只有焦平面上的点所发出的光才能透过出射小孔；焦平面以外的点所发出的光在出射小孔平面是离焦的，绝大部分无法通过中心的小孔。因此，焦平面上的观察目标点呈现亮色，而非观察点则作为背景呈现黑色，反差增加，图像清晰。在成像过程中，出射小孔的位置始终与显微物镜的焦点（Focal Point）是一一对应的关系（共轭 Conjugate），因而被称为共聚焦（Con-Focal）显微技术。共聚焦显微技术是由美国科学家马文·闵斯基（Marvin Minsky）发明的，他于 1957 年为该技术申请了专利。但是直到 20 世纪 80 年代后期，由于激光研究的长足进步，才使激光共聚焦扫描显微技术成为一种成熟的技术。

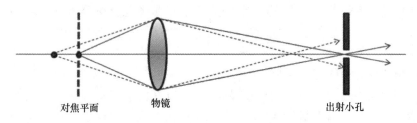

图 2-34　探测针孔的作用示意图

3. 激光共聚焦显微镜的组成

CLSM 由显微镜光学系统、激光光源、扫描装置和检测系统构成，整套仪器由计算机控制，各部件之间的操作切换都可在计算机操作平台界面中方便灵活地进行（图 2-35）。显微镜是 CLSM 的主要组件，它关系到系统的成像质量。通常有倒置和正置两种形式，前者在切片、活细胞检测等生物医学应用中使用更广泛。

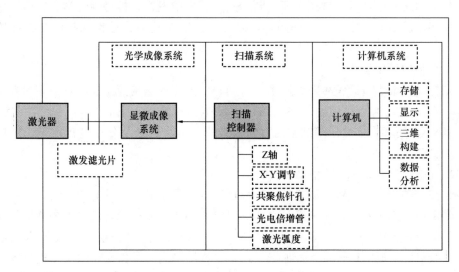

图 2-35　激光共聚焦显微镜原理图

4. 激光共聚焦显微镜的基本特点

（1）观察方式：以荧光为主。

（2）光源：激光（紫外、可见光、近红外）。

（3）照明方式：点照明、逐点扫描。

（4）成像方式：共聚焦、逐点成像。

（5）输出：实时观测，数字化图像，可以进行图像处理和定量分析。

（6）多重染色样品的观察。

5. 激光扫描共聚焦显微镜的应用

激光扫描共聚焦显微镜是近代最先进的细胞生物医学分析仪器之一。它是在荧光显微镜成像的基础上加装激光扫描装置，使用紫外光或可见光激光荧光探针，利用计算机进行图像处理，不仅可观察固定的细胞、组织切片，还可对活细胞的结构、分子、离子进行实时动态的观察和检测。目前，激光扫描共聚焦显微技术已用于细胞形态定位、立体结构重组、动态变化过程等研究，并提供定量荧光测定、定量图像分析等实用研究手段，结合其他相关生物技术，在形态学、生理学、免疫学、遗传学等分子细胞生物学领域得到广泛应用。

（1）组织和细胞中的定量荧光测定

对固定和荧光染色的标本，激光扫描共聚焦显微镜可以单波长、双波长或多波长模式，对单标记或多标记的细胞及组织标本的共聚焦荧光进行数据采集和定量分析，同时还可以利用沿纵轴移动标本的多个光学切片的叠加，形成组织或细胞中荧光标记结构的总体图像，以显示荧光在形态结构上的精确定位。常用于原位分子杂交、肿瘤细胞凋亡观察、单个活细胞水平的 DNA 损伤及修复等定量分析。

（2）细胞间通信的研究

动物和植物细胞中缝隙连接介导的胞间通信在细胞增殖和分化中起着重要作用。激光扫描共聚焦显微镜可通过观察细胞缝隙连接分子的转移来测量传递细胞调控信息的一些离子、小分子物质。该技术可以用于研究胚胎发生、生殖发育、神经生物学、肿瘤发生等过程中缝隙连接通信的基本机制和作用，也可用于鉴别对缝隙连接作用有潜在毒性的化学物质。

（3）细胞物理化学测定

激光扫描共聚焦显微镜可对细胞形状、周长、面积、平均荧光强度及细胞内颗粒数等参数进行自动测定。能对细胞的溶酶体、线粒体、内质网、细胞骨架、结构性蛋白质、DNA、RNA、酶和受体分子等细胞内特异结构的含量、组分及分布进行定量、定性、定时及定位测定。

（4）细胞内钙离子和 pH 值动态分析

激光扫描共聚焦显微镜是测量若干种离子浓度并显示其分布的有效工具，对焦点信息的有效辨别在亚细胞水平显示离子分布成为可能。利用荧光探针，激光扫描共聚焦显微镜可以测量单个细胞内 pH 值和多种离子（Ca^{2+}、K^+、Na^+、Mg^{2+}）在活细胞内的浓度及变化。一般来说，电生理记录装置加摄像技术检测细胞内离子量变化的速度相对较快，但其图像本身的价值较低，而激光扫描共聚焦显微镜可以提供更好的亚细胞结构中 Ca^{+2} 浓度动态变化的图像，这对于研究 Ca^{2+} 等离子细胞内动力学有意义。

（5）三维图像的重建

传统的显微镜只能形成二维图像，激光扫描共聚焦显微镜通过对同一样品不同层面的实时扫描成像，进行图像叠加，可构成样品的三维结构图像。它的优点是可以对样品的立体结构分析，能十分灵活、直观地进行形态学观察，并揭示亚细胞结构的空间关系。

（6）荧光漂白恢复技术

该方法的原理是一个细胞内的荧光分子被激光漂白或淬灭，失去发光能力，而邻近未被漂白细胞中的荧光分子可通过缝隙连接扩散到已被漂白的细胞中，荧光可逐渐恢复。可通过观察已发生荧光漂白细胞其荧光恢复过程的变化量来分析细胞内蛋白质运输、受体在细胞膜上的流动和大分子组装等细胞生物学过程。

（7）长时程观察细胞迁移和生长

活细胞观察通常需要一定的加热装置及灌注室，以保持培养液的适宜温度及 CO_2 浓度的恒定。激光扫描共聚焦显微镜的光子产生效率已大大改善，与更亮的物镜和更小光毒性的染料结合后可以减小每次扫描时激光束对细胞的损伤，用于数小时的长时程定时扫描，记录细胞迁移和生长等细胞生物学现象。

三、实验仪器与材料

1. 实验仪器

激光共聚焦扫描荧光显微镜（日本尼康公司，仪器型号 A1）。

2. 实验材料

牛肺动脉内皮细胞（BPAEC）切片：用红色 MitoTrackerRed CMXRos ［Excitation Emission（nm）：579/599］ 染活细胞中的线粒体，用绿色 Alexa Fluor 488 鬼笔环肽 ［Ex/Em（nm）：493/517］ 染 F-肌动蛋白，用蓝色荧光 DNA 染色剂 DAPI ［Excitation/Emission（nm）：358/461］ 染细胞核。

四、实验步骤

1. 了解激光共聚焦显微镜的结构

了解激光共聚焦显微镜的结构，包括显微镜光学系统、激光光源、扫描装置和检测系统。

2. 激光共聚焦显微镜观察牛肺动脉内皮细胞（BPAEC）切片

（1）观察及仪器操作的基本步骤

① 开启仪器电源及光源：一般先开启显微镜和激光器，再启动计算机，然后启动操作软件，设置荧光样品的激发光波长，选择相应的滤光镜组块。以便光电倍增管（Photo Multiplier Tube，PMT）检测器能得到足够的信号结果。使用汞灯的注意事项同普通荧光显微镜。

② 将牛肺动脉内皮细胞（BPAEC）切片倒置放于载物台上。

③ 设置相应的扫描方式：在明场模式下通过操纵台上的操纵杆选择合适的视野（Coarse-粗调，Fine-中调，Ex Fine-精细调节）。调整所用物镜放大倍数，在荧光显微镜下找到需要检测的细胞，施转显微镜主机右侧旋钮进行调焦。切换到扫描模式，调整双孔针和激光强度参数，即可得到清晰的共聚焦图像。

④ 获取图像：选择合适的图像分辨率，将样品完整扫描后，保存图像结果。

⑤ 关闭仪器：仪器测定样品结束后，先关闭激光器部分，计算机仍可继续进行图像和数据处理。若要退出整个激光扫描共聚焦显微镜系统，则应该在激光器关闭后，待其冷却至少 10min 后再关闭计算机及总开关。

（2）获取三维图像

激光扫描共聚焦显微镜具有细胞"CT"功能，因此，它可以在不损伤细胞的情况下，获得一系列光学切片图像。选用"Z-Stack"模式，即可实现此项功能。其基本步骤是：

① 开启"Z-Stack"选项。

② 确定光学切片的位置及层数。

③ 启动"Start"按钮，获得三维图像。

五、注意事项

1. 仪器周围要远离电磁辐射源。

2. 环境无震动，无强烈的空气扰动。

3. 室内具有遮光系统，保证荧光样品不会被外源光漂白。

4. 环境清洁。

5. 控制工作温度为 5～25℃。

六、实验数据与结果

1. 保存牛肺动脉内皮细胞激光共聚焦彩色图像（区分细胞中的线粒体、F-肌动蛋白、细胞核）。

分别保存 4 张图片，如图 2-36 所示，（a）图表示牛肺动脉内皮细胞中的线粒体，（b）图表示细胞核，（c）图表示 F-肌动蛋白，（d）图是前面三张图的合并后图像，表示牛肺动脉内皮细胞中线粒体、细胞核和 F-肌动蛋白三者在细胞中所处的位置。

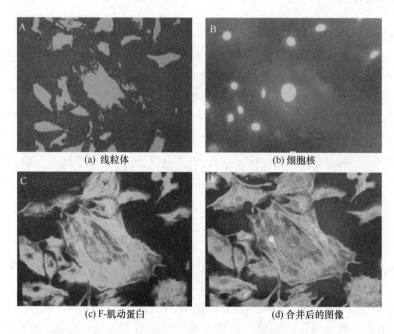

(a) 线粒体　　　　　　　　　　　(b) 细胞核

(c) F-肌动蛋白　　　　　　　　　(d) 合并后的图像

图 2-36　牛肺动脉内皮细胞激光共聚焦彩色图像

2. 记录激光共聚焦显微镜的操作步骤。

3. 描述在激光共聚焦显微镜下所观察到的实验现象。

从图 2-36 中可以观察到，在激光共聚焦扫描显微镜下，一共可以看到三种颜色，其中红色部分代表线粒体，绿色部分代表 F-肌动蛋白，蓝色部分代表细胞核。细胞核处于细胞的中心位置且呈圆形，线粒体和 F-肌动蛋白分布在细胞的各个位置，证明选用的染色剂成功染上牛肺动脉内皮细胞并且能够在激光共聚焦显微镜下清楚辨别出各自所染的部分。

七、思考题

1. 简述牛肺动脉内皮细胞荧光发光原理。

2. 激光共聚焦显微镜观察到的图像为什么比普通的荧光显微镜的清晰度、层次感要强得多？

实验 10　扫描电镜分析材料表面形貌

一、实验目的

1. 了解扫描电镜的结构及工作原理。

2. 掌握扫描电镜样品制备方法。

3. 学习仪器基本操作，用二次电子像对材料表面形貌进行分析。

4. 了解背散射电子像和能谱仪的应用。

二、实验原理

1. 扫描电镜分类

扫描电镜根据发射源不同，可以分为热电子发射型（钨灯丝、六硼化镧灯丝）扫描电镜和场发射扫描电镜两大类，其中场发射扫描电镜又分为冷场发射和肖特基热场发射两类。根据样品室真空度不同，可以分为高真空扫描电镜和环境扫描电镜。

2. 扫描电镜结构

扫描电镜的结构主要包括电子光学系统（镜筒）、真空系统、扫描系统、信号检测放大系统、电控和操作系统（图 2-37）。

（1）电子光学系统

扫描电镜的电子光学系统（镜筒）由电子枪、聚光镜、物镜、电磁偏转线圈和消像散器组成。所谓聚光镜和物镜（末级透镜）均为会聚透镜，末级透镜的内膛有足够的空间容纳消像散器、对中用偏转线圈和两组相互垂直的扫描线圈［图 2-37(b)］。

（2）真空系统

电子光学系统必须在一定真空状态下工作，真空的实现和控制由真空系统完成。扫描电镜的真空系统主要包括机械泵、扩散泵、连接管道、阀门系统以及各种真空设备，真空度可抽到 $10^{-4} \sim 10^{-3}$ Pa。场发射扫描电镜则由机械泵和分子泵、离子泵组成高真空系统，真空度可达 10^{-7} Pa。

（3）扫描系统

扫描系统由扫描发生器和扫描线圈组成。在物镜内部装有两组互相垂直的扫描线圈，

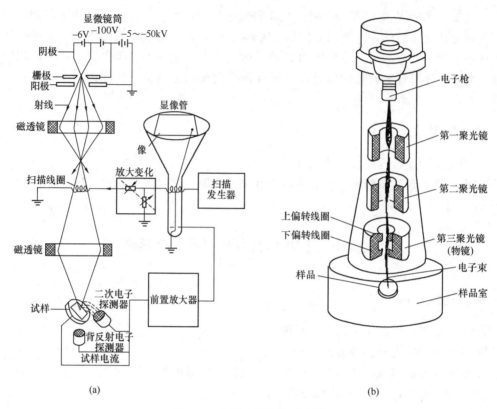

图 2-37　扫描电镜结构示意图

通过锯齿波电流产生的磁场实现电子束在 x、y 两方向的偏转，使电子束在样品表面进行有规律的行扫描和帧扫描，即扫描出一个与显示器屏幕相对应的矩形光栅，这是一种连续的光栅扫描。扫描发生器控制入射电子束在样品表面做光栅状扫描的同时，也控制电子束在图像显示上做同步扫描。

扫描系统同时控制着图像放大倍数，放大倍数等于显示器图像宽度与电子束在样品表面做光栅扫描的宽度之比。由于显示器上图像宽度一定，所以只要改变扫描线圈电流，即可连续改变图像放大倍数。

（4）信号检测放大系统

样品在入射电子作用下会产生各种物理信号，有二次电子、背散射电子、特征 X 射线、阴极荧光和透射电子。不同的物理信号要用不同类型的检测系统，大致可分为三大类，即电子检测器、阴极荧光检测器和 X 射线检测器。

从信号检测系统出来的电信号经视频放大器放大后，调制显示屏的亮度，形成形貌图像。早期的扫描电镜使用模拟信号，直接在显像管上显示图像，用照相机拍照。如今采用计算机技术，将模拟信号转换成数字信号，进行图像显示、处理和储存。

（5）电控和操作系统

电控和操作系统由稳压、稳流及相应的安全保护电路所组成，提供扫描电镜各部分所需要的电源并进行控制，同时采集信号获得图像。

3. 扫描电镜成像原理

在扫描电镜的镜筒中，由电子枪发射电子束，在几百伏至几十千伏的加速电压作用下，经聚光镜和物镜的会聚形成具有一定能量、一定束流密度、直径为纳米尺度的微细电子束斑，通过扫描线圈驱动，在样品表面按一定时间、空间顺序做光栅式扫描。聚焦电子束在样品表面激发出二次电子、背散射电子以及特征 X 射线等信号，分别被检测器收集，再转换成电信号，经计算机转化为可供观察和记录的数字图像。

(1) 二次电子像

二次电子信号主要来自样品表层 5～10nm 深度范围，它的强度与原子序数没有明确关系，但对微区刻面相对于入射电子束的位向却十分敏感。二次电子像分辨率比较高，所以适用于显示形貌衬度。

(2) 背散射像

背散射电子是被样品原子反射回来的入射电子，样品背散射系数 η 随元素原子序数 Z 的增加而增加。即样品表面平均原子序数越高的区域，产生的背散射电子信号越强，在背散射电子像上显示的衬度越亮；反之越暗。因此可以根据背散射电子像（成分像）亮暗衬度来判断相应区域原子序数的相对高低。

背散射电子能量较高，离开样品表面后沿直线轨迹运动，检测到的背散射电子信号强度要比二次电子小得多，且有阴影效应。由于背散射电子产生的区域较大，所以分辨率低。

三、实验仪器和试剂

1. 实验仪器

JSM-5610LV 钨灯丝扫描电镜，离子溅射仪。

2. 实验材料

合成的材料，碳导电胶，镊子，一次性手套。

四、实验步骤

1. 扫描电镜样品制备

(1) 样品清洗干燥。将自行制备出来的样品经过超声清洗、离心后干燥。

(2) 样品粘台。取上述粉末样品分散到贴有碳导电胶带的样品台上，多余颗粒可用吸耳球或气枪吹扫除去。

(3) 样品镀金。若样品导电性不佳，需要用离子溅射仪在样品表面喷镀一层导电膜（C、Au 或 Pt）。

2. 操作扫描电镜拍摄二次电子像

(1) 将制备好的样品台装入样品台底座内并固定。

(2) 按"VENT"键放空样品室，待"VENT"键的指示灯不闪烁，样品室真空达到大气压后，拉开样品室门，将样品台底座装入样品室；关闭样品室门后，按"EVAC"键对样品室抽真空。

(3) 样品室真空达到要求后，"EVAC"键指示灯不闪烁，扫描电镜软件上显示"HT ready"，点击此按钮对灯丝加高压，在软件上能看到样品。

(4) 移动 X、Y 轴，寻找要观察的区域。

（5）找到合适的区域后，通过旋转"MAGNIFICATION"改变放大倍率，之后可旋转"FOCUS"聚焦，在聚焦的同时观察图像是否有扭曲变形的情况，若有就说明有像散存在，需要对图像进行消像散调节。

（6）按亮"STIG"，调节"x"和"y"消除像散。

（7）调节"CONT"和"BRT"使图像的对比度和亮度合适，按"SCAN3"+"FREEZE"慢扫图片，并保存。保存完后，按"SCAN2"恢复到图片快速扫描模式，重复（4）～（7）步骤继续拍摄。

（8）观察结束后，先按"HT ON"键关闭高压，再按"VENT"键放空样品室，待"VENT"键的指示灯不闪烁，样品室真空达到大气压后，拉开样品室门取出样品底座。然后，关闭样品室门，按"EVAC"键对样品室抽真空。

五、注意事项

1. 使用扫描电镜之前，先进行仪器的预热和抽真空。仪器真空达到，方可进行测试。

2. 仔细阅读实验指导书，掌握实验方法和步骤，不观察样品时及时关闭加在灯丝上的高压。

3. 测试结束后，先按"HT ON"键按钮关闭加在灯丝上的高压，再按"VENT"键放空样品室（使样品室的真空达到大气压），取出样品后及时按"EVAC"键对样品室抽真空。

六、实验结果和数据处理

1. 记录 JSM－5610LV 扫描电镜的操作步骤。

2. 将自己拍摄的扫描电镜图像进行分析说明。

七、思考题

1. 扫描电镜拍摄时图像不清晰，可能的原因有哪些？如何调节？

2. 根据实验描述扫描电镜样品的制备步骤。

3. 如何利用背散射电子像分析材料？

八、参考资料

丁明孝，梁凤霞，洪健，等. 生命科学中的电子显微镜技术[M]. 北京：高等教育出版社，2021.

实验 11　透射电镜分析材料微观结构

一、实验目的

1. 了解透射电镜的结构及工作原理。

2. 掌握透射电镜样品制备方法。

3. 学习仪器基本操作，拍摄明场像。

二、实验原理

1. 普通透射电镜

普通透射电镜泛指采用钨灯丝（或六硼化镧灯丝），加速电压在 20～200kV，分辨本领在 0.2nm 左右，放大倍数可调范围在 50～1000000 倍的透射电镜。它适用于观察薄样品的显微及亚显微形态结构，观察薄晶体样品的质厚衬度像、晶格像和电子衍射像。

2. 透射电镜结构

透射电镜（图 2-38）的结构主要包括电子光学系统（镜筒）、真空系统、冷却系统和电气系统。

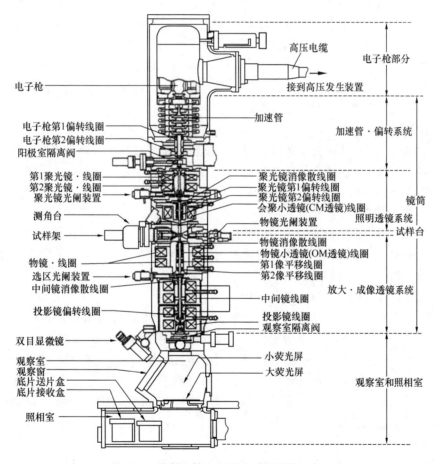

图 2-38 透射电镜电子光学系统结构示意图

（1）电子光学系统

透射电镜的电子光学系统简称镜筒（图 2-38），镜筒自上而下分为：照明系统包括电子枪、聚光镜、聚光镜可调光阑、聚光镜消像散器；样品室包括样品台、样品驱动装置、样品架；成像系统包括物镜、物镜可调光阑、物镜消像散器、中间镜、中间镜可调光阑、中间镜消像散器、投影镜；观察与记录系统包括双目放大镜、荧光屏和CCD相机。

（2）真空系统

透射电镜镜筒内必须处于高真空状态。真空是透射电镜正常工作的必备条件。真空系统的作用是将镜筒中的气体尽可能地排出去，使所有的电子光路始终保持在真空中。当真空破坏或达不到要求的真空度时，残留气体增多，这些气体会与镜筒中高速运动的电子发生作用，产生电离、随机电子散射等，造成污染、电子束不稳定并干扰成像；残留气体还会损伤阴极，减少灯丝寿命。一旦发生真空故障，透射电镜将快速启动安全控制系统，自动关闭高压、保护性停机。

透射电镜的真空系统由真空泵（机械泵、扩散泵、分子泵和离子泵）、真空阀门及真空检测等组成。机械泵是低真空泵，可抽到 10^{-2} Pa，它的作用主要是提供低真空条件。扩散泵可抽真空到 $10^{-5} \sim 10^{-2}$ Pa，性能稳定可靠，但扩散泵存在污染镜筒问题，而且必须使用循环水冷却。涡轮分子泵和离子泵性能优良，可直接连接到电子枪和样品室，使之达到更高的真空，没有污染，不需要循环水，可达到 10^{-10} Pa 超高真空。

（3）冷却系统

冷却系统的作用有三个：一是用于扩散泵的冷却，二是用于镜筒透射线圈的恒温，三是用于高压和透镜电路的恒温。

（4）电气系统

电气系统的主要作用是为透射电镜各部分提供稳定可靠的电源，协调并控制各电路单元之间的同步关系。其主要电源回路有两个独立的单元，一是小电流高电压电源，用于产生电子枪负高压；二是大电流低电压电源，用于产生各级透镜电流。

3. 透射电镜成像原理

在透镜镜筒中，电子枪发射电子束并被加速，照明电子束泛光式作用于薄样品，产生带有样品结构信息的透射电子，进入成像系统，经成像系统放大，在荧光屏上获得样品的透射电子像，并被 CCD 相机记录。

（1）质厚衬度成像

质厚衬度指的是样品结构之间存在质量-厚度差异，质量-厚度高的区域称为高电子密度区，发生电子散射概率高，散射角大，物镜光阑仅允许偏转角小的散射电子（以非弹性散射电子为主）进入成像系统，以少量透射电子激发荧光屏，屏是暗的，暗区对应着样品高电子密度区。反之称为低电子密度区，发生电子散射概率低，进入成像系统的电子多，以较多的透射电子激发荧光屏，屏是亮的，亮区对应着样品低电子密度区。屏上一旦有了亮暗衬度，透射电子显微图像即可被视觉感知。

（2）相位衬度成像

入射电子通过样品时产生的弹性散射电子能量没变，只改变了运动方向。也就是说弹性散射电子与直接透射样品（未散射）电子的能量（波长）是相同的，只是运动方向不同，就产生了相位移。当弹性散射电子波与直接透射（未散射）电子波通过物镜成像时相遇而发生干涉，从而形成了图像中电子波强度的变化，称为相位衬度。

相位衬度对于样品厚度、取向、散射因子以及物镜的聚焦和像散等因素都非常敏感。利用这种敏感的相位衬度，可以对非常薄的样品进行高分辨率的透射成像，因此有人常将相位衬度成像看作是高分辨透射成像的同义词。

（3）衍射衬度成像

入射电子与晶体样品作用发生衍射，在物镜后焦面形成衍射花样，经傅里叶变换而形成衍射衬度像。

如果把中间镜调焦于物镜的后焦面，荧光屏出现电子衍射像。对晶体样品的电子衍射图和显微像结合分析，可解析样品微观结构。样品是单晶，电子衍射图是一组点阵分布；样品是多晶，电子衍射图是一组以中心亮点为圆心的同心环；如果样品是非晶，电子衍射图则是一个弥散的环。

三、实验仪器和材料

1. 实验仪器

JEM-2100 透射电镜，超声波清洗机。

2. 实验材料

合成的材料，微栅支持膜，离心管，毛细管，滤纸，镊子，一次性手套。

四、实验步骤

1. 透射电镜样品制备

（1）样品清洗、分散

将自行制备出来的样品经过超声清洗、离心；取少量待测粉末至离心管中，加入适量无水乙醇，用超声波清洗机超声分散 5 分钟。

（2）滴样

用毛细管取适量上述分散的液体，滴到微栅支持膜上，确保膜上有样品。

（3）样品干燥

将已滴上样品的微栅支持膜在红外灯下干燥 20 分钟。

2. 学习透射电镜操作、拍摄明场像

（1）将制备好的微栅支持膜装入样品杆内并固定。

（2）加灯丝电流。

① 一般样品杆插入镜筒后再等待 1 分钟。

② 确认显示 READY（真空度优于 4×10^{-5}Pa 可以加灯丝）。

③ 按下灯丝加热钮 BEAM 键，等电子束发射稳定。

④ 移动样品使得电子束能够到达荧光屏上，电子束发射即告结束。

⑤ 寻找样品位置（LOW MAG 下比较好找样品位置）。

（3）Z 轴高度调节（粗调和细调）

① 调节 BRIGHTNESS 使光斑会聚，进行 Z 轴高度粗调，使光环与中心透射斑点重合。

② 确定物镜（OL）焦距，按下右控制面板上的 STD FOCUS，此时软件界面上的 DEFOCUS 数值为 0.0nm。

③ 灯丝亮度要足够，调节 BRIGHTNESS 使光斑散开，调整样品台的高度，使观察样品的图像正焦。用 IMAGE WOBBX 检查聚焦情况较方便，用 Z 轴调节键调至荧光屏上的图像不晃动。

（4）电压中心的确认

JEM-2100 对于电压中心合轴的好坏比较敏感，所以需要时刻注意电压中心（放大倍数在 100K 以上时调整）。放大倍数调至 100K 以上，在样品上找一个点，按 HT WOBB 键，看光斑是否伸缩变化？如果不是，按 BRIGHT TILT，调节多功能键 DEF/STIGX 和 DEF/STIGY，使光斑伸缩变化。

（5）物镜消像散

在样品上找到碳膜（因碳膜是非晶膜，容易看出消像散），放大倍数调节到 400K 以上，光斑散开，按 F1 抬起荧光屏，在 DM 软件中选择碳膜上的一块正方形区域，调出 PROCESS 菜单下的 LIVE FFT 窗口，调节 OBJ FOCUS 观察 FFT 窗口中的圆斑的散开与会聚的状态。如果呈现椭圆斑的情况需要按下 OBJ FOCUS 调节多功能键 DEF/STIGX 和 DEF/STIGY，使 FFT 窗口中的斑为圆形。

（6）加物镜光阑

按 SA DIFF 键，对中物镜光阑，使透射斑处于圆孔的正中心；对中结束后按 MAG1 键，切换到图像模式，就可以找区域进行拍照。

（7）拍照

① 打开 DIGITAL MICROGRAPH（DM）软件，待控制器上的 COOLER 指示灯变绿后方可拍摄。

② 找到合适的区域，确认 Z 轴高度正确，调节光斑亮度合适，按 F1 抬起荧光屏，点击 DM 软件上的 START VIEW 按钮，通过 OBJ FOCUS 的调节，对 CCD 采集的图像进行调焦，图像清晰后按 DM 软件上的 START ACQUIRE 拍照。

③ 曝光时间可根据光强进行调节，常规设定采集图像曝光时间 0.5s，电子衍射图 5s。

（8）使用结束（关闭电子束及高压）之前的电镜设置

TEM 模式：Mag ×40K；高压：200kV（经常使用）；SPOT SIZE：1～3（经常使用），撤出物镜光阑。

用 SHIFT X Y 将合适大小的光斑放在荧光屏中心，然后关灯丝。下次发射出电子束之前，不要改变相关的设置，以保证电子束发射出来后在荧光屏中心。

五、注意事项

1. 仔细阅读实验指导书，掌握实验方法和步骤，不观察样品时及时关闭加在灯丝上的高压。

2. 在加灯丝电流前，确认仪器真空度优于 4×10^{-5} Pa。

3. 衍射模式下，按 F1 抬屏前，请确认挡针已挡住透射斑点，衍射光强已调节好。

4. 测试结束，仪器各项参数恢复起始状态；拔样品杆前一定要先进行样品位置归零。

六、实验结果和数据处理

将自己拍摄的透射电镜图片进行分析说明。

七、思考题

1. 透射电子显微镜的基本构造是什么?
2. 透射电子显微镜为什么要在真空状态下工作?
3. 透射电镜对样品的要求以及制样步骤是什么?

八、参考资料

丁明孝,梁凤霞,洪健,等. 生命科学中的电子显微镜技术 [M]. 北京:高等教育出版社,2021.

实验12 循环伏安法计算铂/碳催化剂电化学活性面积

一、实验目的

1. 学习和掌握循环伏安法的原理和实验技术。
2. 学习和掌握计算催化剂的电化学活性面积的方法。
3. 学会测定催化剂循环伏安曲线,并计算其电化学活性面积。

二、实验原理

1. 循环伏安法

循环伏安(CV)测试是从某一个不会引起电极反应的初始电位开始,控制电极电位变化速率,使其按照一定的方向和速度发生线性变化。当扫至某一终止电位后,再以相同的速度逆向扫描至初始电位,测量并记录电流-电势曲线。CV 测试能够依据曲线对应的氧化还原峰的位置判断电极反应的氧化-还原反应电位及发生的电化学反应,根据氧化还原峰之间面积判断电池容量大小及电极反应的可逆性,以及依据曲线形状判断电极反应的可逆程度、极化程度、反应平台等。

2. 电化学活性面积

为了评估材料的真实催化活性,往往需要对其实际参与电化学催化反应的表面积进行分析,因而,研究人员提出了电化学活性面积(Electrochemical Active Surface Area,ECSA)的概念。电化学双层电容(Double-layer capacitancel)可以由两种方法获得:(1)测量不同扫速下的循环伏安曲线对应的非法拉第区间双电层电容电流,线性拟合后计算得到;(2)利用电化学阻抗谱,测量在不同频率下对应的阻抗计算获得。前一种方法由于过程相对较简单,因此电化学活性面积往往根据催化表面的电化学双层电容估算得到。

采用双层电容法时,一般在未发生氧化还原反应的区间进行循环伏安测试。并且以开路电压为中心电位,取 50mV 或者 100mV 的电位区间。不同扫速下获得的充电电流为 I_c,其与扫速 V 和双层电容 C_{dl} 的相互关系为:$I_c = V \times C_{dl}$。

催化剂的电化学活性面积则根据下列方程计算得到:$ECSA = C_{dl}/C_s$(C_s 是相同条件下对应的表面平滑样品的比电容,其中,铂/碳催化剂 $C_s = 0.4mF$)。

三、实验仪器和试剂

1. 实验仪器

CHI760e 电化学系统，烘箱，超声仪。

2. 实验试剂

2mg 铂碳催化剂，$475\mu L$ 乙醇，$25\mu L5\%$ Nafion，1mol/LKOH，玻碳电极（$d=4mm$），样品管。

四、实验步骤

1. 将 2mg 铂碳催化剂、$475\mu L$ 乙醇、$25\mu L5\%$ Nafion 在样品管中混合，并且超声 20 分钟。

2. 超声完成后取 $25\mu L$ 混合溶液，缓慢滴在玻碳电极上，每次最多 $5\mu L$ 溶液，每次滴完将其烘干，才能继续滴加。

3. 依次将绿色电极夹接工作电极（自制电极），白色电极夹接参比电极（氯化银电极），红色电极夹接辅助电极（玻碳电极）。

4. 开启电化学系统计算机电源开关，启动电化学程序，在菜单中依次选择 Setup、Technique、CV、Parameter，输入表 2-3 参数。

表 2-3　输入参数

Init E（V）	0	Segment	10
High E（V）	0	Smpl Interval（V）	0.001
Low E（V）	−0.1	Quiet Time（s）	2
Scan Rate（V/s）	0.01	Sensitivity（A/V）	1e-001

5. 点击 Run 开始扫描，扫描完成后将实验数据保存，然后在数据中选取最后一圈的数据，再用软件 Origin 进行数据处理制作成循环伏安图。

6. 改变扫速为 0.01V/s、0.02V/s、0.03V/s、0.04V/s、0.06V/s、0.08V/s、0.1V/s、0.16V/s、0.24V/s、0.32 和 0.4V/s，得出数据重复进行第 5 步骤的操作，分别制作循环伏安图。

7. 把 y 轴数据换算成电流密度，计算方法如下：$(y\times1000)\div(nr^2)$（$r=2mm$，为玻碳电极的半径），并以电流密度为 y 轴，电压为 x 轴作图，如图 2-39 所示。

8. 以图 2-39 计算得到的不同扫速对应电流密度的均值为纵坐标、扫速为横坐标作拟合图，如图 2-40 所示，均值计算方法如下：中线与图形相交的纵坐标相减，再除以 2。

9. 计算出拟合图的斜率 K，$C_{dl}=K$。

10. 根据 $ECSA=C_{dl}/C_s$（铂碳催化剂 $C_s=0.4mF$），计算出催化剂电化学活性面积。

五、注意事项

1. 将混合溶液滴在玻碳电极上时，不可过量滴加，否则溶液会流出电极表面，影响测试结果。

2. 扫描后的数据取最后一圈，不可随机选取，因为前面的数据可能不是完整的图形，而且也不稳定。

六、实验结果和数据处理

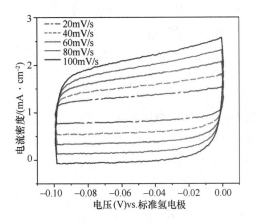

图 2-39　铂碳催化剂在 $-0.1 \sim 0\mathrm{V}$ vs. RHE 电压范围内不同扫速下的 CV 图

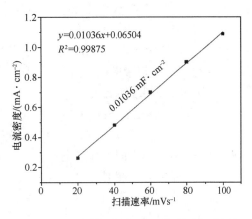

图 2-40　不同扫速下的电流密度及拟合图

根据公式 $ECSA = C_{dl}/C_s$，测试结果 $C_{dl} = 0.01036\mathrm{mF/cm^2}$，$C_s = 0.4\mathrm{mF}$，所以铂碳催化剂的电化学活性面积 $ECSA = 0.0259\mathrm{cm^2}$。

七、思考题

1. 做循环伏安图有什么意义？
2. 通过循环伏安法计算电化学活性面积，较其他计算方法有什么优点？

八、参考资料

［1］　王莹莹. NiO/CNT 和 MnO₂/C/TiO₂多层夹心纳米管材料的制备及其锂电池性能研究［D］. 杭州：浙江理工大学，2018.

［2］　Sheng S. ，Ye K，Gao Y，et al. Simultaneously boosting hydrogen production and ethanol upgrading using a highly-efficient hollow needle-like copper cobalt sulfide as a bifunctional electrocatalyst［J］. J. Colloid Interface Sci. 2021，602，325-333.

实验 13　光催化剂的 Mott-Schottky 测试

一、实验目的

1. 研究半导体材料的能带结构。
2. 了解电极/电解质界面的特性。
3. 获取材料平带电位、载流子密度等参数。

二、实验原理

1. Mott-Schottky 实验基本原理

Mott-Schottky 实验是一种通过电化学方法研究半导体材料能带结构、载流子密度等性质的有效手段。半导体与电解质接触时，在半导体表面形成空间电荷层，导致半导体与电解质之间形成一个电容 C。在不同的施加电压 V 下，测量该电容，并绘制 $1/C^2$ 与 V 的关系曲线，即 Mott-Schottky 曲线。根据 Mott-Schottky 公式，可以从曲线斜率和截距计算半导体材料的平坦带电压 VFB 和载流子密度 ND。

2. Mott-Schottky 实验公式

Mott-Schottky 公式表达了半导体空间电荷层电容与施加电压之间的关系，公式如下：

$$1/C^2 = (2/\varepsilon\varepsilon_0 qND) \times (V - VFB)$$

式中　C——半导体空间电荷层电容；

　　　ε——半导体的相对介电常数；

　　　ε_0——真空介电常数；

　　　q——元电荷；

　　ND——载流子密度；

　　　V——施加电压；

　VFB——平坦带电压。

3. 半导体材料禁带宽度的测量

通过求解 Mott-Schottky 曲线斜率和截距，可以获得半导体材料的平坦带电压 VFB 和载流子密度 ND。结合半导体材料的能带结构，可以求解禁带宽度（E_g），从而了解半导体的光学性质和导电性能。

4. Mott-Schottky 实验在半导体材料中的应用

Mott-Schottky 实验广泛应用于半导体材料的研究，如太阳能电池、催化剂等领域。通过该实验方法，可以优化半导体材料的性能，提高其在光伏、光催化等应用中的效果。

三、实验仪器和试剂

1. 电化学工作站（CHI780E A17868）：频率区间为 $0.01 \sim 100000 Hz$，电位增量 $0.005V$，交流幅值为 $10mV$，测试时对工作电极进行 $500Hz$、$1000Hz$ 测试。

2. 三电极系统（工作电极、对电极、参比电极）。

3. 半导体材料样品。

4. 电介质溶液。

5. 石英研磨片。

6. 清洗试剂（丙酮、醇类）。

7. 纯水。

四、实验步骤

1. 将半导体样品用石英研磨片磨平，确保表面光洁。

2. 将磨平的半导体样品用清洗试剂（如丙酮和醇类）清洗，并用纯水冲洗干净。

3. 搭建三电极系统，半导体样品作为工作电极，选用合适的参比电极和对电极。

4. 将工作电极浸入电解质溶液中，保持恒温。

5. 用电化学工作站进行 Mott-Schottky 测试，记录电容 C 与施加电压 V 的变化：打开软件后，在 Methods 下找到并选中 Capacity vs Voltage 选项，点击 Classic Mode，打开测试设定界面。之后选中电位变量（Potential），点击线性扫描方式（Linear Scan），然后在弹开的设置窗口中，输入起始终止电位、步长、时间延迟，之后点击 Control potentiostat，设定频率与交流幅度，返回设定界面，点击 GO，进入测试界面，并开始测试。

6. 测试后保存实验结果，并可以在该界面点击 Select Diagram 选择并联或串联 MS 显示曲线。

7. 分析实验数据，求解 Mott-Schottky 曲线的斜率和截距，得到材料的平坦带电压和载流子密度。

五、注意事项

1. 实验过程中需保持半导体样品表面的清洁。

2. 在测量过程中保持系统的稳定，避免电压和温度的波动。

3. 处理实验数据时，注意筛选有效数据，避免噪声干扰。

4. 在实验前后需校准参比电极，确保测量准确。

5. 在操作电化学工作站时，严格按照操作手册进行，确保安全。

六、实验结果和数据处理

1. 绘制 Mott-Schottky 曲线

根据实验记录的电容 C 与施加电压 V 的数据，用表格软件（如 Microsoft Excel）整理数据，并绘制 $1/C^2$ 与 V 的关系曲线，即 Mott-Schottky 曲线。在整理数据时，先计算每个电压下对应的 $1/C^2$ 的值，然后将这些值与对应的电压数据一起绘制成曲线（图 2-41）。

2. 对 Mott-Schottky 曲线进行线性拟合

在曲线图（图 2-41）中，选择适当的数据范围，进行线性拟合。表格软件基本都支持自动线性拟合功能，可以直接生成拟合直线和对应的斜率（k）与截距（b）。拟合的直线方程形式为：$1/C^2 = kV + b$。

3. 计算半导体材料的平坦带电压 VFB 和载流子密度 ND

根 据 Mott-Schottky 公 式：$1/C^2 = (2/\varepsilon\varepsilon_0 qND) \times (V - VFB)$，将拟合得到的斜率 k 和截距 b 代入公式，求解平坦带电压

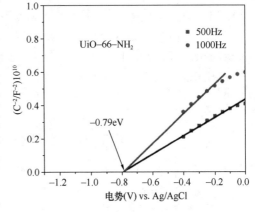

图 2-41　Mott-Schottky 曲线

VFB 和载流子密度 ND。需要注意的是，计算过程中要考虑单位转换，确保单位一致。

4. 实验结果分析及误差来源

将实验结果与理论预测进行比较，分析可能的误差来源。误差可能来自以下方面：

（1）实验仪器的精度和稳定性。电化学测量过程中，电流和电压的测量误差会影响电容计算结果。

（2）实验操作过程中的误差。例如，半导体样品的制备、清洗和固定等环节可能影响电容的测量结果。

（3）曲线拟合过程中的误差。线性拟合时选择的数据范围和拟合方法可能对斜率和截距的计算结果产生影响。

Mott-Schottky 测试用于探究半导体材料微观电荷转移机制，确定平带电位。在浓度为 0.1mol/L 的 Na_2SO_4 溶液中，电位区间从 $-0.4V$ vs. Ag/AgCl 扫描至 $0V$ vs. Ag/AgCl，扫描频率分别为 500Hz、1000Hz，每一条曲线取切线与 $y=0$ 相交，并且 2 条曲线取切线后相交于一点，该点横坐标为平带电位。由于斜率为正，所以该半导体是 n 型半导体，而 n 型半导体的导带位置与平带位置接近。

在本次测试中以 Ag/AgCl 为参比电极，获得 UiO-66-NH_2 与 $Y=0$ 交点的横坐标为 $-0.79V$ vs. Ag/AgCl，即其导带位置约为 $-0.79V$ vs. Ag/AgCl。

七、思考题

1. 实验中，Mott-Schottky 曲线的形状可能受哪些因素影响？
2. 如何通过实验优化半导体材料的性能？
3. Mott-Schottky 实验在太阳能电池等应用领域的意义是什么？
4. 如何提高 Mott-Schottky 实验的准确性和重复性？
5. Mott-Schottky 实验与其他表征半导体性质的方法有何异同？

八、参考文献

［1］Wang X.-S., Chen C.-H., Ichihara F., et al. Toward visible-light-assisted photocatalytic nitrogen fixation：A titanium metal organic framework with functionalized ligands［J］. Appl. Catal. B：Environ. 2020，267，118，686.

［2］Wang X.-S., Chen C.-H., Ichihara F, et al. Integration of adsorption and photosensitivity capabilities into a cationic multivariate metal-organic framework for enhanced visible-light photoreduction reaction［J］. Appl. Catal. B：Environ. 2019，253，323-330.

实验 14　光催化剂的光电流响应测试

一、实验目的

1. 了解材料的光电性质。
2. 掌握测试光电流响应（$i-t$）曲线的原理。
3. 掌握电化学工作站的使用方法。

二、实验原理

1. 光电流响应（$i-t$）曲线

光电流响应是一种用来测试光电器件的响应速度和灵敏度的方法，也被称为 $i-t$ 测试（i 表示电流，t 表示时间）。其基本原理是：当光线照射到光电器件上时，会产生电子-空穴对，这些电子和空穴会在电场的作用下分别向阳极和阴极移动，产生电流，因此可以通过测量这个电流来评估光电器件的响应速度和灵敏度。

具体的测试方法：将待测试的光电器件放置在测试台上，并将测试电路与器件相连。以恒定的光强照射光电器件，此时测得的电流为光电器件的饱和电流（Isat）。利用脉冲激光器照射光电器件，并测量在不同时间间隔内的响应电流值，得到响应时间（Response Time）。将响应电流值绘制成随着时间变化的曲线图，通过分析曲线的特征来评估光电器件的响应速度和灵敏度。需要注意的是，在进行 $i-t$ 测试时，应控制测试环境的光强、温度和湿度等因素，以保证测试结果的准确性。

2. 光电流响应（$i-t$）曲线的应用范围

（1）太阳能电池：太阳能电池是利用光生载流子在材料中的运动产生电流，将太阳能转换为电能的一种器件。通过测量光电流响应曲线，可以评估太阳能电池的光电转换效率和光电特性，优化太阳能电池材料的性能，提高太阳能电池的发电效率。

（2）光催化：光催化是利用光生载流子在材料中的运动产生的电荷分离和反应活性位点产生催化作用，使化学反应加速的一种技术。通过测量光电流响应曲线，可以评估光催化材料的光电转换效率和光电特性，优化光催化材料的性能，提高光催化反应的效率。

（3）光电子学：光电子学是研究光子和电子相互作用的学科，包括光电传感器、光电二极管、光电导、太赫兹波等领域。通过测量光电流密度与时间关系曲线，可以评估光电子学材料的性能，为光电子学器件的研究提供参考。

总之，光电流密度曲线是评估光电材料性能的重要工具，对太阳能电池、光催化、光电子学等领域的材料研究具有广泛的应用价值。

三、实验仪器和试剂

1. 实验仪器
电化学工作站（Zahner），300W Xe 灯，测试池，工作电极，参比电极和对电极等。
2. 实验试剂
异丙醇，0.5mol/L 的 Na_2SO_4 溶液（pH≈7.0），两个待测样品。

四、实验步骤

1. 准备工作
（1）准备样品溶液，2mg 样品与 1mL 异丙醇混合，超声振荡 2h。
（2）将电化学工作站和外接电路打开，并进行预热和校准。
（3）准备工作电极（FTO 电极）、参比电极（Al/AgCl 电极）和对电极（铂丝），并在电化学池中固定电极。
（4）准备电解质溶液，0.5mol/L 的 Na_2SO_4 溶液（pH≈7.0），并注入电化学池中。

（5）准备光源，并调整其位置和光强度（300W），使其照射到电极上。

2. 建立实验程序

（1）在计算机中打开相应的实验软件，选择实验程序。

（2）进行实验参数的设置，如测试时间（400s）、间隔时间（10s）、光强度（300W Xe灯）等。

（3）进行实验前的预扫描和参比电极的校正等操作。

3. 进行实验

（1）启动实验程序，让电化学工作站开始工作。

（2）在实验过程中保持光照持续时间和光强度不变。

（3）当电化学工作站扫描完成后，将数据导出到计算机中进行后续数据处理和分析。

五、注意事项

1. 电化学池的组装：电化学池的组装需要注意电极之间的距离、电极材料和溶液的配制等因素，以确保实验的准确性和重复性。白色连接参比电极，红色连接铂电极，绿色连接工作电极。组装完成之后仔细检查接线的正确性，不得接错，不然会损坏工作站。

2. 光源和电化学池的配合：在进行实验时，需要将光源的位置调整到合适的位置，以确保光源照射到电极上。

3. 实验前的处理：在进行实验前，需要对电化学池和电极进行清洗和处理，以确保实验结果的准确性。

4. 准备工作电极时，移液枪将样品滴在FTO电极上后自然风干，不得烘干。

5. 接线时，在触碰电极引线的接头之前，释放身上的静电。

6. 准备样品溶液时，样品溶液必须超声振荡2h以上，使溶液均匀。

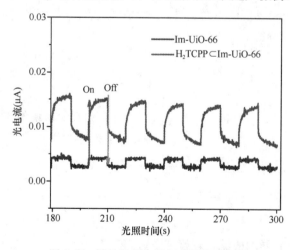

图 2-42　样品的光电流与时间关系曲线

六、实验结束和数据处理

测完结束后，用 Origin 作图，其中，时间作 X 轴，电流作 Y 轴。

如图 2-42 所示，瞬态光电流响应测试结果显示，相比于 Im-UiO-66，$H_2TCPP \subset Im\text{-}UiO\text{-}66$ 在可见光照射下具有更强的光电流强度，表明 $H_2TCPP \subset Im\text{-}UiO\text{-}66$ 具有更高的光生电子能力。

七、思考题

1. 如何改变材料结构或成分，以改变其光电流响应（$i-t$）曲线的特性？举例说明。

2. 如何测量不同光照强度下的光电流响应（$i-t$）曲线？有哪些实验步骤和要点？

3. 如何测量不同温度下的光电流响应（$i-t$）曲线？会出现哪些特性？如何解释？

八、参考文献

[1] Wang X.-S., Chen C.-H., Ichihara F., et al. Toward visible-light-assisted photocatalytic nitrogen fixation: A titanium metal organic framework with functionalized ligands [J]. Appl. Catal. B: Environ. 2020, 267, 118, 686.

[2] Wang X.-S., Chen C.-H., Ichihara F, et al. Integration of adsorption and photosensitivity capabilities into a cationic multivariate metal-organic framework for enhanced visible-light photoreduction reaction [J]. Appl. Catal. B: Environ. 2019, 253, 323-330.

实验 15　Pt/C 催化剂的电化学阻抗测试

一、实验目的

1. 掌握测定金属阻抗的基本原理和测试方法。
2. 了解测定阻抗的意义和应用。
3. 掌握恒电位仪和电化学工作站的使用方法。

二、实验原理

电化学阻抗谱（Electrochemical Impedance Spectroscopy，简称 EIS）：给电化学系统施加一个频率不同的小振幅的交流电势波，测量交流电势与电流信号的比值（此比值为系统的阻抗）随正弦波频率的变化，或者是阻抗的相位角随正弦波频率的变化。进而分析电极过程动力学、双电层和扩散等，研究电极材料、固体电解质、导电高分子以及腐蚀防护等机理。

将电化学系统看作一个等效电路，这个等效电路是由电阻（R）、电容（C）和电感（L）等基本元件按串并联等不同方式组合而成的。通过 EIS，可以测定等效电路的构成以及各元件的大小，利用这些元件的电化学含义，来分析电化学系统的结构和电极过程的性质等。

给黑箱（电化学系统）输入一个扰动函数 X，它就会输出一个响应信号 Y。用来描述扰动信号和响应信号之间关系的函数，称为传输函数。若系统内部结构是线性的稳定结构，则输出信号就是扰动信号的线性函数。

如果 X 是角频率为 ω 的正弦波电流信号，则 Y 为角频率的正弦电势信号。此时 Y/X 即称为系统的阻抗。如果 X 是角频率，是正弦波电势信号，则 Y 为角频率，也是 ω 的正弦电流信号。此时 Y/X 即称为系统的导纳，用 Y 表示。阻抗和导纳统称为阻纳，用 G 表示。阻抗和导纳互为倒数关系，$Z=1/Y$。二者关系与电阻和电导相似。

三、实验仪器和试剂

1. 实验仪器

CHI760E 电化学工作站，工作电极，AgCl 电极，铂碳电极。

2. 实验试剂

乙醇，5%Nafion，1mol/L KOH 溶液，Pt/C 催化剂。

四、实验步骤

1. 取 2mg 的 Pt/C 催化剂放入烧杯中，加入 475μL 乙醇、25μL 5%Nafion，混合，超声 20min。

2. 取一支铂碳电极，在铂碳电极上滴上述溶液，25μL，晾干再重复上述操作，共五次。

3. 取一个烧杯，加入 1mol/L KOH 至容器的一半，连接 AgCl 电极、工作电极、铂碳电极放入烧杯中并连接。

4. 待溶液的电位稳定后，开始测定阻抗。

5. 记录实验数据并处理。

五、注意事项

1. 注意原始数据的保存。

2. 待溶液的电位稳定后，再开始测定阻抗。

3. 注意气泡的影响。

六、实验结果和数据处理

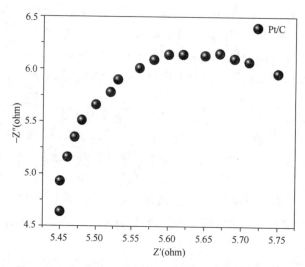

图 2-43 Pt/C 催化剂在 1mol/L KOH 电解液中阻抗曲线

Pt/C 催化剂的圆弧半径很小，表明其阻抗很小（图 2-43）。

七、思考题

1. 若测得的数据波动较大，原因是什么？该如何解决？

2. 如何调整偏压，得到更好的半圆形阻抗图？

八、参考资料

［1］Wang X.-S.，Chen C.-H.，Ichihara，F.，et al. Toward visible-light-assisted photocatalytic nitrogen fixation：A titanium metal organic framework with functionalized ligands［J］. Appl. Catal. B：Environ. 2020，267，118，686.

［2］Wang X.-S.，Chen C.-H.，Ichihara F，et al. Integration of adsorption and photo-sensitivity capabilities into a cationic multivariate metal-organic framework for enhanced visible-light photoreduction reaction［J］. Appl. Catal. B：Environ. 2019，253，323-330.

实验 16　接触角测定实验

一、实验目的

1. 了解液体在固体表面的润湿过程以及接触角的含义与应用。
2. 掌握用 JY-82A 接触角测量仪测定接触角的方法。

二、实验原理

1. 润湿现象

润湿是一种流体从固体表面置换另一种流体的过程。最常见的润湿现象是一种液体从固体表面置换空气，如水在玻璃表面置换空气而展开。1930 年 Osterhof 和 Bartell 把润湿现象分成沾湿、浸湿和铺展三种类型。润湿现象在实际生产生活当中广泛存在，例如建筑物外墙的涂层涂料、陶瓷釉料的浸润、金属和陶瓷的封接等。

沾湿会产生一个固液界面，消失一个固气界面和一个液气界面。对任何液体和固体，沾湿过程总是可以自发进行。吉布斯自由能的变化值可以表示为：

$$\Delta G = \gamma_{SL} - \gamma_{SV} - \gamma_{LV}$$

沾湿的实质是液体在固体表面上的黏附，沾湿的黏附功可以表示为：

$$W_a = \gamma_{SV} + \gamma_{LV} - \gamma_{SL} = -\Delta G$$

从上式可知，γ_{SL} 越小，则 W_a 越大，液体越易沾湿固体。若 $W_a \geqslant 0$，则 $\Delta G \leqslant 0$，沾湿过程可自发进行。固液界面张力总是小于它们各自的表面张力之和，这说明固液接触时，其黏附功总是大于零。因此，不管对什么液体和固体，沾湿过程总是可自发进行的。

浸湿的结果是产生一个固液界面，消失一个固气界面。不是所有液体和固体均可以自发发生浸湿。浸湿过程中发生的吉布斯自由能变化可以表达为：$\Delta G = \gamma_{SL} - \gamma_{SV}$。如果用浸润功来表示，则表示为：$W_i = -\Delta G = \gamma_{SV} - \gamma_{SL}$。如果 $W_i \geqslant 0$，则 $\Delta G \leqslant 0$，过程可以自发进行。浸湿过程与沾湿过程不同，不是所有液体和固体均可自发发生浸湿，而只有固体的表面自由能比固液的界面自由能大时浸湿过程才能自发进行。

铺展是置一液滴于一固体表面，恒温恒压下，若此液滴在固体表面上自动展开形成液膜，则称此过程为铺展润湿。结果是产生一个固液界面和一个气液界面，消失一个气固界面。不是所有液体和固体均可自发发生铺展。铺展过程中发生的吉布斯自由能变化为 $\Delta G = \gamma_{SL} + \gamma_{LV} - \gamma_{SV}$。对于铺展润湿，常用铺展系数 $S_{L/S}$ 来表示体系自由能的变化，如 $S_{L/S}$

$=-\Delta G = \gamma_{SV} - \gamma_{SL} - \gamma_{LV}$。若 $S \geqslant 0$，则 $\Delta G \leqslant 0$，液体可在固体表面自动展开。铺展系数也可用下式表示 $S = \gamma_{SV} + \gamma_{LV} - \gamma_{SL} - 2\gamma_{LV} = W_a - W_c$。$W_c$ 是液体的内聚功，W_a 为黏附功，从上式可以看出，只要液体对固体的粘附功大于液体的内聚功，液体即可在固体表面自发展开。

上述条件均是指在无外力作用下液体自动润湿固体表面的条件。有了这些热力学条件，即可从理论上判断一个润湿过程是否能够自发进行。

但实际上却远非那么容易，上面所讨论的判断条件，均需固体的表面自由能和固液界面自由能，而这些参数目前尚无合适的测定方法，因而定量地运用上面的判断条件是有困难的。尽管如此，这些判断条件仍为解决润湿问题提供了正确的思路。

2. 接触角和 Young 方程

将液滴（L）放在一理想平面（S）上，如果有一相是气体，则接触角是气液界面通过液体而与固液界面所交的角。1805 年，Young 指出，接触角的问题可当作平面固体上液滴受三个界面张力的作用来处理。当三个作用力达到平衡时，应有下面关系：

$$\gamma_{SV} = \gamma_{SL} + \gamma_{LV}\cos\theta$$

或

$$\cos\theta = \frac{\gamma_{SV} - \gamma_{SL}}{\gamma_{LV}}$$

这就是著名的 Young 方程。式中 γ_{SV} 和 γ_{LV} 是与液体的饱和蒸气成平衡时的固体和液体的表面张力（或表面自由能），γ_{SL} 是固液界面张力（或界面自由能）。

接触角是实验上可测定的一个量。有了接触角的数值，代入润湿过程的判断条件式，即可得：

沾湿：$W_a = -\Delta G = \gamma_{LV}(1 + \cos\theta) \geqslant 0, \theta \leqslant 180°, W_a \geqslant 0$

浸湿：$W_i = -\Delta G = \gamma_{LV}\cos\theta \geqslant 0, \theta \leqslant 90°, W_i \geqslant 0$

铺展：$S = -\Delta G = \gamma_{LV}(\cos\theta - 1) \geqslant 0, \theta = 0, S = 0$

根据上边三式，通过液体在固体表面上的接触角即可判断一种液体对一种固体的润湿性能。

从上面的讨论可以看出，同一对液体和固体，在不同的润湿过程中，其润湿条件是不同的。对于浸湿过程，$\theta = 90°$ 完全可作为润湿和不润湿的界限；$\theta < 90°$，可润湿；$\theta > 90°$，则不润湿。但对于铺展，则这个界限不适用。

在解决实际的润湿问题时，应首先分清它是哪一类型，然后才可对其进行正确的判断。从整个润湿过程看，它是一浸湿过程。但实际上它却经历了三个过程：从沾湿，到浸湿，到铺展。

一般固体表面，往往存在如下情况：

（1）固体表面本身或由于表面污染（特别是高能表面），固体表面在化学组成上往往是不均一的；

（2）因原子或离子排列的紧密程度不同，不同晶面具有不同的表面自由能；即使同一晶面，因表面的扭变或缺陷，其表面自由能亦可能不同；

（3）因表面粗糙不平等原因，一般实际表面均不是理想表面，给接触角的测定带来极大的困难。

接下来主要讨论表面粗糙度和表面化学组成不均匀对接触角的影响。

粗糙表面上三相相交点沿固体表面由 A 到 B，相界面面积会发生变化，进而界面能变化。根据热力学原理，当系统处于平衡时，界面位置的少许移动引起的界面能变化为零。n 为表面粗糙度，$n > 1$。将一液滴置于一粗糙表面，有 $n(\gamma_{SV} - \gamma_{SL}) = \gamma_{LV}\cos\theta n$ 或 $\cos\theta_n = \dfrac{n(\gamma_{SV} - \gamma_{SL})}{\gamma_{LV}}$。此即 Wenzel 方程，是 Wenzel 于 1936 年提出来的。式中 n 被称为粗糙因子，也就是真实面积与表观面积之比。$n = \dfrac{\cos\theta_n}{\cos\theta}$ 对于粗糙表面，n 总是大于 1。

因此：①$\theta < 90°$时，$\theta_n < \theta$，即在润湿的前提下，表面粗糙化后 θ_n 变小，更易为液体所润湿。②$\theta > 90°$时，$\theta_n > \theta$，即在不润湿的前提下，表面粗糙化后 θ_n 变大，更不易为液体所润湿。

大多数有机液体在抛光的金属表面上的接触角小于 $90°$，因而在粗糙金属表面上的表观接触角更小。

纯水在光滑石蜡表面上接触角为 $105°\sim110°$间，但在粗糙的石蜡表面上，实验发现 θ_n 可高达 $140°$。

注意：Wenzel 方程只适用于热力学稳定平衡状态。

组合表面假设由两种不同化学组成的表面组合而成理想光滑平面，是以极小块的形式均匀分布在表面上的，又设当液滴在表面展开时两种表面所占的分数不变。在平衡条件下，液滴在固体表面扩展一无限小量 dA_{SL}，固气和固液两界面自由能的变化为

$$(\gamma_{SV} - \gamma_{SL})dA_{SL} = [x_1(\gamma_{S_1V} - \gamma_{S_1L}) + x_2(\gamma_{S_2V} - \gamma_{S_2L})]dA_{SL}$$

x_1，x_2 分别为两种表面所占面积的分数。用 dA_{SL} 除上式即得：

$$\gamma_{SV} - \gamma_{SL} = x_1(\gamma_{S_1V} - \gamma_{S_1L}) + x_2(\gamma_{S_2V} - \gamma_{S_2L})$$

根据 Young 方程，可得：

$$\cos\theta_c = x_1\cos\theta_1 + x_2\cos\theta_2$$

此即 Cassie 方程。θ_c 为液体在组合表面上的接触角，θ_1 和 θ_2 为液体在纯 1 和纯 2 表面上的接触角。

上述各式中的 γ_{SV} 是固体露置于蒸气中的表面张力，因而表面带有吸附膜，它与除气后的固体在真空中的表面张力 γ_{SO} 不同，通常要低得多。就是说吸附膜将会降低固体表面能，其数值等于吸附膜的表面压 π，即

代入 Young 方程 $\cos\theta = \dfrac{\gamma_{SV} - \gamma_{SL}}{\gamma_{LV}}$ 得：

$$\cos\theta = \frac{(\gamma_{SO} - \pi) - \gamma_{SL}}{\gamma_{LV}}$$

该式表明，吸附膜的存在使接触角增大，起着阻碍液体铺展的作用。

接触角的滞后现象一般认为，接触角越大，其表面疏水性也就越高，如图 2-44 所示，三个表面从左到右疏水性依次减弱。

通过对三种表面上的液滴状态进行比较，从静态接触角来看，左边大得多。但是如果将基底都倾斜很小的一个角度，如图 2-44 所示，可以发现图（c）的液滴顺势滑落，而图（a）的液滴都不会下滑，从中可以看出静态接触角和动态接触角的本质区别，要制备研

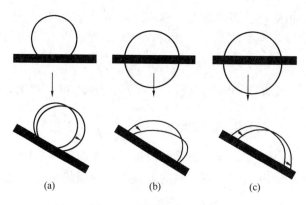

图 2-44　接触角滞后现象

究疏水表面或自清洁表面的实际应用，必须考虑到液滴在微小力作用下的运动情况，所以动态润湿性、有关接触角滞后现象的研究就显得十分重要。

考虑一个在水平平面上具有稳定接触角的液滴，若表面是理想光滑和均匀的，往这流溢上加少量液体，则流溢周界的前沿向前拓展，但仍保持原来的接触角。从液滴中抽去少量液体，则液滴的周界前沿向后收缩，但仍维持原来的接触角。

反之，若表面是粗糙或不均匀的，向液滴加入一点液体只会使液滴变高，周界不动，从而使接触角变大，此时的接触角称为前进接触角，用 θ_A 表示。若加入足够多的液体，液滴的周界会突然向前蠕动，此突然运动刚要发生时的角度称为最大前进角。若从液滴中取出少量液体，液滴在周界不移动的情况下变得更平坦，接触角变小，此时的接触角称为后退接触角。用 θ_R 表示。

固体表面上小液滴的形貌在倾斜面上，同时可看到液体的前进角和后退角。假如没有接触角滞后，平板只要稍倾斜一点，液滴就会滚动，接触角的滞后使液滴能稳定在斜面上。这一事实证明，接触角滞后的原因是由于液滴的前沿存在着能垒。

固液-界面扩展后测量的接触角（前进角）与在固液界面回缩后的测量值（后退角）存在差别，前进角往往大于后退角。两者之间的差值叫作滚动角。滚动角的大小也代表了一个固体表面的接触角滞后现象。

决定和影响润湿作用和接触角的因素很多。如固体和液体的性质及杂质、添加物的影响、固体表面的粗糙程度、不均匀性、表面污染等。原则上说，极性固体易为极性液体所润湿，而非极性固体易为非极性液体所润湿。玻璃是一种极性固体，故易为水所润湿。对于一定的固体表面，在液相中加入表面活性物质，常可改善润湿性质，并且随着液体和固体表面接触时间的延长，接触角有逐渐变小趋于定值的趋势，这是由于表面活性物质在各界面上吸附的结果。

3. 实验方法

接触角的测定方法很多，根据直接测定的物理量分为四大类：角度测量法、长度测量法、力测量法、透射测量法。其中，角度测量法是最常用的，也是最直截了当的一类方法。它是在平整的固体表面上滴一滴小液滴，测量接触角的大小。本实验所用的仪器 JY-82A 静滴接触角测量仪将液滴图像投影到屏幕上或拍摄图像，对保存的图像可采取量角法和量高法进行接触角的测定。

三、实验仪器及材料

1. 实验仪器

JY-82A 静滴接触角测量仪（图 2-45）。

图 2-45　JY-82A 静滴接触角测量仪

2. 实验材料

洁净载玻片，纯水。

四、实验步骤

1. 开机。将仪器插上电源，打开电脑，双击桌面上的 JY-82A 应用程序进入主界面。点击界面右上角的活动图像按钮，这时可以看到摄像头拍摄的载物台上的图像。

2. 调焦。将清洁载玻片固定在载物台上，调整摄像头焦距，然后调节摄像头到载物台的距离，使得图像最清晰。

3. 加入样品。用移液枪分别压出 2～10μL 的纯水，使水滴留在载玻片表面上。

4. 冻结图像。点击界面右上角的冻结图像按钮，将画面固定，并保存。

5. 量角法。点击量角法按钮，进入量角法主界面，按开始键，打开之前保存的图像。选取液滴最高点以及两端与载玻片的两个交点，电脑自动读出接触角大小。

6. 量高法。点击量高法按钮，进入量高法主界面，按开始键，打开之前保存的图像。然后用鼠标左键顺次点击液滴的顶端和液滴的左、右两端与固体表面的交点，电脑自动读出接触角大小。

7. 记录数据。记录两种测量方式下体积分别为 2μL、4μL、6μL、8μL、10μL 水滴在洁净载玻片上的接触角。

五、注意事项

等液滴稳定后测量。

六、实验记录

数据记录见表 2-4。

表 2-4　数据记录

水滴体积（μL）	2	4	6	8	10
量角法测得接触角（°）					
量高法测得接触角（°）					

七、思考题

1. 说明不同液滴体积对接触角的影响
2. 说明测量方法对接触角测定结果的影响。

实验 17　材料硬度测定实验

一、实验目的

1. 进一步加深对硬度概念的理解。
2. 了解布氏、洛氏硬度计的构造和作用原理。
3. 熟悉布氏硬度、洛氏硬度的测定方法和操作步骤。

二、实验原理

硬度是衡量材料抵抗局部变形能力的参数。定量测定硬度的方法有压入法、回跳法两大类，压入法有维氏硬度、洛氏硬度和布氏硬度三种。

1. 维氏硬度（HV）

维氏硬度（HV）是用一定的压力将四方角锥体的金刚石压头（图 2-46，两相对面间的夹角为 136°）压入试样表面，保持规定的时间后卸除压力，在试样表面留下痕迹（图 2-47），单位压痕表面积上所承受的平均压力即维氏硬度值：

$$HV = \frac{2F\sin68°}{d^2} = \frac{0.1891F}{d^2}$$

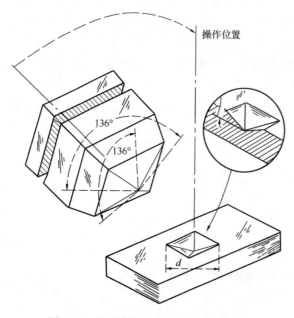

图 2-46　维氏硬度计金刚石四棱锥压头

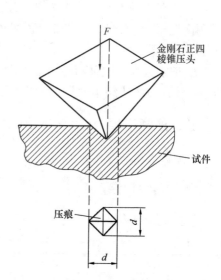

图 2-47　维氏硬度实验原理

维氏硬度表示方法：如 640HV30/20，HV 表示维氏硬度，前面的数字 640 表示硬度值，后面的数字表示试验条件，30 表示加压 30kgf（294.2N），20 表示压力保持 20s。

维氏硬度特别适用于表面硬化层和薄片材料的硬度测定。选择载荷时，应使硬化层或试样的厚度至少为 1.5d。若不知待测试样的硬化层厚度，则可在不同的载荷下，按从小到大的顺序进行实验。若载荷增加，硬度明显降低，则必须采用较小的载荷，直至两相邻载荷得出相同结果时为止。当待测试样较厚时，应尽可能选用较大的载荷，以减小对角线测量的相对误差和试样表面层的影响，提高测定精度。对大于 500HV 的材料，试验时不宜采用 490.3N 以上的载荷，以免损坏金刚石压头。

2. 洛氏硬度

洛氏硬度是直接测量压痕深度，并以压痕深浅表示材料的硬度。常用的洛氏硬度压头有两类：顶角为 120°的金刚石圆锥体和一定直径的钢球。测量洛氏硬度时，在初试验力及总试验力的先后作用下，将规定的压头压入试样表面，保持一定的时间后卸除主试验力，在保留初试验力下测量压痕残余深度，以残余深度表示洛氏硬度的高低，深度大，硬度值小；深度小，硬度值高，试验过程如图 2-48 所示。采用不同压头并施加不同的压力，可以组成不同的洛氏硬度标尺，如表 2-5 所示。

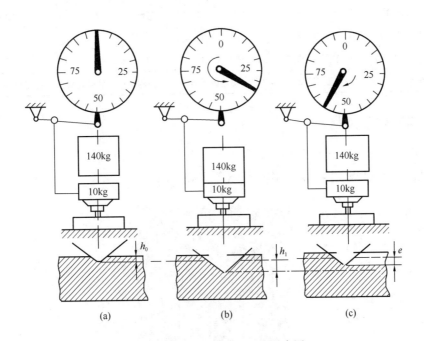

图 2-48 洛氏硬度试验过程示意图

$$洛氏硬度＝N－e/s$$

式中　N——常数，对于 A、C、D、N、T 标尺，$N=100$；其他标尺，$N=130$；

　　　e——残余压痕深度，单位 mm；

　　　s——常数，A～K 标尺，$s=0.002$；N、T 标尺，$s=0.001$。

表 2-5　洛氏硬度标尺

洛氏硬度标尺	硬度符号[a]	压头类型	初试验力 F_0/N	主试验力 F_1/N	总试验力 F/N	适用范围
A	HRA	金刚石圆锥	98.07	490.3	588.4	20～88HRA
B	HRB	直径 1.5875mm 球	98.07	882.6	980.7	20～100HRB
C	HRC	金刚石圆锥	98.07	1373	1471.1	20～70HRC
D	HRD	金刚石圆锥	98.07	882.6	980.7	40～77HRD
E	HRE	直径 3.175mm 球	98.07	882.6	980.7	70～100HRE
F	HRF	直径 1.5875mm 球	98.07	490.3	588.4	60～100HRF
G	HRG	直径 1.5875mm 球	98.07	1373	1471.1	30～94HRG
H	HRH	直径 3.175mm 球	98.07	490.3	588.4	80～100HRH
K	HRK	直径 3.175mm 球	98.07	1373	1471.1	40～100HRK
15N	HR15N	金刚石圆锥	29.42	117.7	147.1	70～94 HR15N
30N	HR30N	金刚石圆锥	29.42	264.8	294.2	42～86 HR30N
45N	HR45N	金刚石圆锥	29.42	411.9	441.3	20～77 HR45N
15T	HR15T	直径 1.5875mm 球	29.42	117.7	147.1	67～93 HR15T
30T	HR30T	直径 1.5875mm 球	29.42	246.8	276.2	29～82 HR30T
45T	HR45T	直径 1.5875mm 球	29.42	411.9	441.3	10～72 HR45T

[a]使用钢球压头的标尺，硬度符号后面加"S"；使用硬质合金球压头的标尺，硬度符号后面加"W"。

三、实验仪器及材料

1. 实验仪器

（1）HV-5 型维氏硬度计及操作面板（图 2-49～图 2-51）。

图 2-49　HV-5 型维氏硬度计

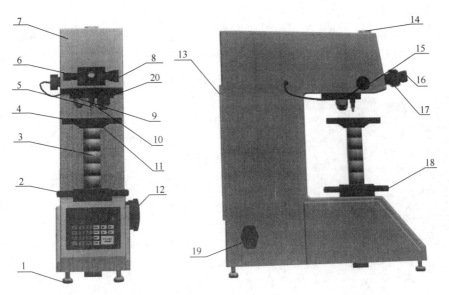

图 2-50　维氏硬度计结构图

1—调节螺丝；2—旋轮；3—升降螺杆；4—试台；5—压头；6—左鼓轮；7—上盖；
8—右鼓轮；9—10X 物镜；10—压头螺钉；11—工作台；12—力值手轮；13—后盖；
14—摄像接口；15—显微灯；16—眼罩；17—目镜；18—手柄；19—电源、开关；
20—20X 物镜

图 2-51　维氏硬度计操作面板

DWELL—保荷时间；LAMP—显微灯亮度；CHANGE—硬度换算；SCA—可查看设定力值、压头直径、
压头测量范围；HCG—可对 HRA、HRB、HRC、HRD、HRF、HV、HK、HBW、HR15N、HR30N、
HR45N、HR15T、HR30T、HR45T 进行硬度换算；D^+、D^-—保荷时间的调节；L^+、L^-—显微灯
亮度的调节；CLR—测试时对 d_1、d_2 清零；RET—返回到前一界面；OK—数字输入后确定；
START—开始加载载荷

技术参数如下：

试验力：0.3kgf(2.94N)、0.5kgf(4.9N)、1.0kgf(9.8N)、2.0kgf(19.6N)、3.0kgf(29.4N)、5.0kgf(49.0N)；硬度测试范围：5～3000HV；压头：金刚石维氏压头；试验力施加方法：一键自动加卸试验力；测量显微镜放大倍率：200×(测试时用)，100×(观察时)；试验力保荷时间：0～60s(每秒为一单位，任意键入)；最小检测单位：0.5μm；最大检测范围：160mm；试件最大高度：160mm；压头中心到外壁距离：135mm；主机重量：约40kg；电源：AC220V/50Hz；额定功率：40W；外型尺寸(长×宽×高)：(520×190×650)mm。

图 2-52　XHR-150 型塑料
洛氏硬度计

（2）XHR-150 型塑料洛氏硬度计（图 2-52 和图 2-53）

技术参数如下：

初试验力：10kgf(98N)，允差±2.0%；总试验力：60kgf(588.4N)、100kgf(980.7N)、150kgf(1471N)，允差±1.0%；压头规格：Φ3.175mm 球压头、Φ6.35mm 球压头、Φ12.7mm 球压头；电源电压：AC220V±5%，50～60Hz；延时控制：2～60 秒可调（塑料洛氏硬度测试的总试验力保持时间为 15 秒）；读取硬度示值前的保持时间为 15 秒，不可调节；试件允许最大高度：190mm；压头中心到机身距离：165mm；外形尺寸：520mm×240mm×700mm（长×宽×高）；质量：80kg。

塑料洛氏硬度计的示值允差和重复性要求（表 2-6），塑料洛氏硬度试验标尺、压头、试验力及应用范围（表 2-7）。

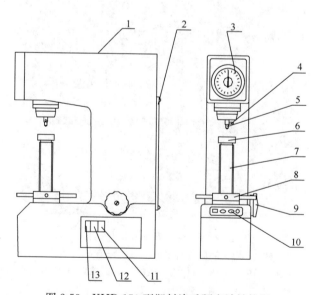

图 2-53　XHR-150 型塑料洛氏硬度计结构图

1—上盖；2—后盖；3—表盘；4—压头止紧螺丝；5—压头；6—试台；7—升降螺杆；
8—旋轮；9—变荷手轮；10—接触面板；11—电源插座；12—保险丝；13—开关

表 2-6　塑料洛氏硬度计的示值允差和重复性要求

标尺	标准硬块硬度范围	硬度计示值允差	示值重复性
HRE	70～90HRE	±2.0HRE	≤2.5HRE
HRL	100～120HRL	±1.2HRL	≤1.5HRL
HRM	85～110HRM	±1.5HRM	≤2.0HRM
HRR	114～125HRR	±1.2HRR	≤1.5HRR

表 2-7　塑料洛氏硬度试验标尺、压头、试验力及应用范围

标尺	球压头	初试验力（N）	总试验力（N）	应用范围
HRE	Φ3.175mm（1/8 英寸）	98.07(10kgf)	980.7（100kgf）	硬塑料、硬橡胶、铝、锡、铜、软钢、合成树脂及摩擦材料等
HRL	Φ6.35mm（1/4 英寸）		588.4（60kgf）	
HRM	Φ6.35mm（1/4 英寸）		980.7（100kgf）	
HRR	Φ12.7mm（1/2 英寸）		588.4（60kgf）	

2. 试样

铝、不锈钢、玻璃、氧化铝陶瓷涂层。

（1）维氏硬度计试样要求

试样表面必须清洁，如果表面沾有油脂和污物，则会影响测量准确性。试样表面应能保证压痕直径的精确测量，建议表面粗糙度参数 Ra 不大于 $0.4\mu m$。在清洁试样时，可用软布或面巾纸擦拭，有条件的可用酒精或乙醚擦拭。

（2）洛氏硬度计试样要求

① 被测试件的表面应平整光洁，不得有污物、氧化皮、凹坑及显著的加工痕迹。

② 试件的厚度应不小于 6mm，试件的大小应保证在同一表面进行 5 个点的测试，每个测试点中心距及边缘距离不小于 10mm。

③ 若试件无法得到所规定的最小厚度时，容许由同种材料的薄试件叠合组成，叠合面间紧密接触，不得被任何形状的表面缺陷分开。叠合数不得多于三层，其结果不能与非叠合试件进行比较。

④ 测试中的试件出现压痕裂纹或背面痕迹时，数据无效。

⑤ 被测试件应稳定地放在试台上，试验过程中试件不得移动，并保证试验力能垂直施加于试件上。

⑥ 被测试件为圆柱形时，必须使用 V 型试台。

⑦ 根据试件的形状、大小选择合适的试台。试件若异形，则可根据具体的几何形状自行制造专用夹具，使硬度测试具有可靠的示值。

⑧ 球压头表面不容许污垢、油脂及氧化物等存在，球压头在硬度测试中不变形，试验后不应有损伤。

四、实验步骤

1. 材料维氏硬度测定

（1）插上电源，打开电源开关，这时在操作面板上可以修改数据，如保荷时间选择、灯光亮度选择、硬度标尺选择，按键以光标为准。

（2）转动手轮，选择合适的试验力，手轮上的力值和屏幕上显示的一致。旋动手轮时，应小心缓慢地进行。在旋转到最大力值 5.0kgf(49N) 时，转动位置已经到底，不能继续朝前旋转，应反向转动；转到最小力值 0.3kgf(2.94N) 时也应反向转动。

（3）选择合适的试验力保持时间，最常用 10s。

（4）调节亮度。

（5）将待测试件放在试验台上，转动转盘把 20X 物镜转至前方位置，此时总的放大背率为 200X；如要观察较大的视场范围，可选择 10X 物镜，总放大倍率为 100X。由于标准试块表面非常光洁，对初学者来说要寻找到试件表面是有点因难，则可以把试件翻过来（把粗糙面朝上），待寻找到试样表面后再翻回到测试面。

（6）转动旋轮直至目镜中观察到试样表面清晰成像。

如果想观察试件表面上较大的视场范围，可将 10X 物镜转至前方位置，此时光路系统总放大倍率为 100X，处于观察状态。

注：当测试不规则的试件时，操作要小心，防止压头碰击试件而损坏压头。

（7）将压头转至前方位置，要感觉到转盘已被定位，转动时应小心缓慢地进行，防止过快产生冲击，此时压头顶端与聚焦好的平面的距离为 0.3～0.45mm。

（8）按"启动"键，此时施加试验力（电机启动），同时面板指示灯亮，屏幕上出现 LOAD 表示加试力；DWELL 表示保持试验力，"10、9、8……0"，秒倒计时；UNLOAD 表示卸除试验力；当指示灯暗时发出鸣叫声，表示电机工作结束，屏幕上出现 $d_1：0$ 等待测量。

注：电机在启动工作时（指示灯亮）切不可转动压头，否则会损坏仪器。

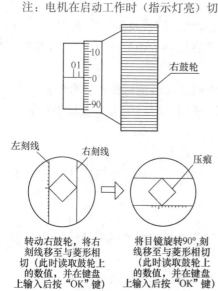

转动右鼓轮，将右刻线移至与菱形相切（此时读取鼓轮上的数值，并在键盘上输入后按"OK"键）

将目镜旋转90°，刻线移至与菱形相切（此时读取鼓轮上的数值，并在键盘上输入后按"OK"键）

图 2-54　测量压痕对角线

（9）必须到指示灯暗时，才可将 20X 物镜转至前方，这时就可在目镜中测量压痕对角线长度，如果压痕不太清楚，可缓慢上升或下降试台，使之清晰；如果目镜内的两刻线较模糊时，可调节目镜上的眼罩，把两根刻线调到最清楚，这以每个人的视力所定。

（10）测量压痕对角线方法如下：

d——压痕对角线长度（μm）；

n——目镜右鼓轮的格数（1 圈 100 格）；

l——右鼓轮每格最小分度值（0.5μm）；

$d = n \times l$。

在测量压痕对角线时，先转动目镜左鼓轮，这时两刻线同时移动，先用左边刻线对准左边压痕的顶点；然后转动右鼓轮，使另一条刻线对准右边的顶点（图 2-54）。

例如：在 1kgf 试验力下测量压痕的对角线长度，测得 $n=200$ 格 （100μm），将 200 按数字键输入，在屏幕上出现 d_1：200，按"OK"键；屏幕上出现 d_2：0。

将目镜转 90°测量另一条压痕的对角线，测得 $n=200$ 格 （100μm），将 200 按数字键输入，出现 d_2：200，按"OK"键，就可在屏幕上出现维氏硬度值 185HV。

如果要对压痕重新测量一次，则再按两次"RET"键，屏幕上又出现 d_1，此时重新测量即可。如数字按错，则按"CLR"键，再重新按"数字"键。

（11）重复以上步骤，分别测量铝、不锈钢、玻璃、氧化铝陶瓷涂层的维氏硬度。

2. 洛氏硬度计测定

（1）接通电源，打开船形开关，触摸面板数码管亮。

（2）根据被测试件材料的软硬程度，按表 2-7 选择标尺。顺时针转动变荷手轮，确定总试验力。应尽可能使塑料洛氏硬度值处于 50～115 之间，少数材料不能处于此范围的不得超过 125。如果一种材料用两种标尺进行测试时，所得值都处于限值时，则选用较小值的标尺。同种材料应选用同一标尺。

（3）球压头插入主轴孔内，贴紧支承面，将压头柄缺口平面对着螺钉，把压头止紧螺钉略为拧紧，然后将被测试件置于试台上。

（4）顺时针转动旋轮，升降螺杆上升，应使试件缓慢无冲击地与压头接触，直至硬度计百分表小指针从黑点移到红点，与此同时长指针转过三圈垂直指向"30"处，此时已施加了 98.07N 初试验力，长指针偏移不得超过 5 个分度值，若超过此范围不得倒转，改换测点位置重做。

（5）转动硬度计表盘，使指针对准"30"位。

（6）按触摸面板"启动"键，电机开始运转，自动加主试验力，总试验力保持时间到结束，电机转动，自动卸除主试验力。

（7）塑料洛氏硬度测试的总试验力保持时间为 15s，时间的长短由触摸面板的上下键选择。

（8）再等 15s，蜂鸣器声响，立即读取长指针指向的硬度值。

（9）塑料洛氏硬度计示值的读取，应分别记录加主试验力后长指针通过"0"点的次数及卸除主试验力后长指针通过"0"点的次数并相减，按下面方法读取硬度示值：

① 差数是零，标尺读数加 100 为硬度值；

② 差数是 1，标尺读数为硬度值；

③ 差数是 2，标尺读数减 100 为硬度值。

（10）反向旋转升降螺杆，使试台下降，更换测试点，重复上述操作。

（11）在每个试件上的测试点不少于 5 点（第 1 点不算）。对大批量零件检验，测试点可适当减少。

（12）重复以上步骤，分别测量铝、不锈钢、玻璃、氧化铝陶瓷涂层的洛氏硬度。

五、注意事项

1. 维氏硬度计

（1）试验力正在加载或试验力未卸除的情况下，严禁移动试件，否则会造成仪器损坏。

（2）仪器在测量状态（测量聚焦状态）下，不要施加试验力，如不小心按"START"键，这时绝对不能去转动转盘，只有等待试验过程全部结束后，才能转动转盘进行硬度测试。

2. 洛氏硬度计

（1）试样两相邻压痕中心距离或任一压痕中心距试样边缘距离一般不小于3mm，在特殊情况下，这个距离可以减小，但不应小于直径的3倍。

（2）为了获得较准确的硬度值，在每个试样上的试验点数应不小于3点（第1点不记），取三点的算术平均值作为硬度值。对于大批试样的检验，点数可以适当减少。

（3）被测试样的厚度应大于压痕残余深度的10倍，试样表面应光洁平整，不得有氧化皮、裂缝及其他污物沾染。

（4）要记住手轮的旋转方向，顺时针旋转时工作台上升，反之下降。特别在试验快结束时，需下降工作台卸除初载荷，取下或调换试样位置的时候，手轮不得转错方向，否则，手轮转错，使工作台上升，容易顶坏压头。

六、实验记录

根据选用的实验规范和记录数据填写表 2-8、表 2-9。

1. 洛氏硬度

表 2-8　洛氏硬度

材料及热处理状态	试验规范	实验结果									换算成洛氏硬度值	
	载荷 F/N	第一次			第二次			第三次			平均硬度值 HBS	HRC	HRB
		d_1 /mm	d_2 /mm	硬度值 HBS	d_1 /mm	d_2 /mm	硬度值 HBS	d_1 /mm	d_2 /mm	硬度值 HBS			

2. 维氏硬度

表 2-9　维氏硬度

材料及热处理状态	试验规范			测得硬度值				换算成维氏硬度值 HV
	压头	总载荷 F/N	硬度标尺	第一次	第二次	第三次	平均硬度值	

实验 18　金属线膨胀系数的测量

一、实验目的

1. 学习并掌握测量金属线膨胀系数的方法。

2. 学会用千分表测量长度的微小增量。

二、实验原理

1. 线膨胀系数

物体的体积或长度随温度的升高而增大的现象称为热膨胀。一般来讲，温度升高，体积增大；温度降低，体积缩小。这就是所谓的热胀冷缩现象。不同物质的热膨胀特性是不同的，有的物质随温度变化有较大的体积变化，而另一些物质则相反。即使是同一种物质，由于晶体结构不同，也将有不同的热膨胀性能。材料受热膨胀时，在一维方向的伸长是材料的线膨胀。线膨胀系数是选用材料的一项重要指标。特别是研制新材料，少不了要对材料线膨胀系数做测定。

材料在不出现相变和磁性转变的情况下，试样长度随温度的变化可以近似地表示成线性关系。

$$L_2 = L_1 [1 + \bar{\alpha}(T_2 - T_1)]$$

式中，L_2 和 L_1 为试样在 T_2 和 T_1 温度下的长度；$\bar{\alpha}$ 为平均线膨胀系数，表示成

$$\bar{\alpha} = \frac{1}{L_1} \frac{L_2 - L_1}{T_2 - T_1}$$

即使在没有相变的温度范围内，不同温度下材料的线膨胀系数也并非严格恒定。为了反映某一温度 T 时试样真实的线膨胀特性，可以用温差 $(T_2 - T_1)$ 趋近于零时的"真膨胀系数" α_T 来表示。

$$\alpha_T = \frac{1}{L_T} \frac{dL}{dT}$$

式中，L_T 为温度 T 时试样的长度。对于某一组织稳定的材料来说，真线膨胀系数 α_T 随温度略有变化。实际应用的线膨胀系数通常均为某一温度区间内的平均线膨胀系数 $\bar{\alpha}$。

大量实验表明，不同材料的线膨胀系数不同，塑料的线膨胀系数最大，金属次之，殷钢、熔融石英的线膨胀系数很小。殷钢和石英的这一特性在精密测量仪器中有较多的应用（表 2-10）。

表 2-10　几种材料的线膨胀系数

材料	铜、铁、铝	普通玻璃、陶瓷	殷钢	熔融石英
数量级	$\times 10^{-5}(℃)^{-1}$	$\times 10^{-6}(℃)^{-1}$	$< 2 \times 10^{-6}(℃)^{-1}$	$\times 10^{-7}(℃)^{-1}$

2. 线膨胀系数的测量方法

材料的热膨胀特性以它的膨胀系数表征，通常检测其平均线膨胀，核心在于精确测量指定温度范围内试样的热膨胀量。测量膨胀所用的仪器称为膨胀仪。膨胀仪的种类繁多，按其测量原理可以分为光学式（光杠杆膨胀仪和光干涉膨胀仪）、电测试（电感式膨胀仪和电容式膨胀仪）和机械式（千分表式膨胀仪和杠杆式膨胀仪）三种类型。本实验使用千分表式膨胀仪，千分表式膨胀仪的基本结构通常由加热炉、试样热膨胀时位移的传递和位移的记录装置组成。样品（空心铜棒或者铝棒）安装在测试架上，铜（铝）棒内通以循环水，循环水连接加热装置，试样另一端连接千分表，试样热膨胀时位移传递到千分表上，由此读出不同温度的膨胀量。

3. 实验方法

利用千分表式膨胀仪测定金属的线膨胀系数，将材料做成条状或杆状。测量出室温时

杆长 L、受热后温度从 T_1 升高到 T_2 时的伸长量 ΔL 和受热前后的温度升高量 ΔT（$\Delta T = T_2 - T_1$），则该材料在 (T_1, T_2) 温度区域的线膨胀系数为：

$$\alpha = \frac{\Delta L}{(L \cdot \Delta T)}$$

其物理意义是固体材料在 (T_1, T_2) 温度区域内，温度每升高一度时材料的相对伸长量，其单位为 $(℃)^{-1}$。

测量线膨胀系数的主要问题是如何测伸长量 ΔL。先粗估算一下 ΔL 的大小，若 $L = 250\text{mm}$，温度变化 $T_2 - T_1 \approx 100℃$，金属的线膨胀系数 α 的数量级为 $\times 10^{-5}(℃)^{-1}$，估算 $\Delta L = \alpha \cdot L \cdot \Delta t \approx 0.25\text{mm}$。对于这么微小的伸长量，用普通量具如钢尺或游标卡尺是测不准的，可采用千分表（分度值为 0.001mm）。

三、实验仪器及材料

1. 实验仪器

FB712 型金属线膨胀系数测定仪由实验仪及测试架二部分组成（图 2-55）。

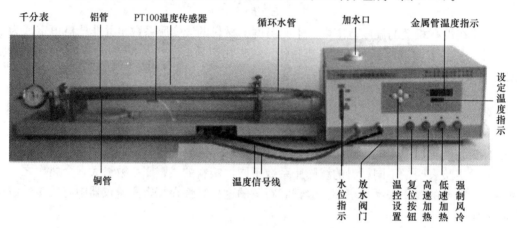

图 2-55　FB712 型金属线膨胀系数测定仪实物照片

2. 实验材料

空心铜棒或铝棒。

四、实验步骤

1. 室温下，用米尺重复测量测试架上空心金属铜棒或铝棒的原有长度 2 或 3 次，记录到表 2-11 中，求出原有长度的平均值。

2. 参照图 2-55 安装好实验装置，连接好加热皮管，打开电源开关，从仪器面板水位显示器上观察水位情况。水箱容积大约为 750mL。若水量不够，用漏斗从机箱顶部的加水口往系统内加水，直到系统的水位计仅有上方一个红灯亮，其余都转变为绿灯。接着可以按下强制冷却按钮，让循环水泵试运行，由于系统内可能存在大量气泡，造成水位计显示不准确，利用循环水泵试运行过程，把系统内气体排出，这时候水位下降，仪器自动保护停机。（为了保护加热器不损坏，仪器设计了自动保护装置，只有水位正常状态才能启动加热或强制冷却装置，系统水位过低、缺水将自动停机。）因此，在虚假水位显示已满的情况下，可采用反复启动强制冷却按钮，利用循环水泵的间断工作把管路中的空气排除，即启动强制冷却按钮→自动停机→再加水的反复过程，直到最终系统的水位计稳定显示，水位计只剩上方一个红灯未转变为绿灯，此时必须停止加水，以防水从系统溢出，流淌到实验桌上。接下来即可进行正常实验，实验过程中发现水位下降，应该适时补充。

3. 设置好温度控制器加热温度：金属管加热温度设定值可根据金属管所需要的实际温度值设置。

4. 将铜管（或铝管）对应的测温传感器信号输出插座与测试仪的介质温度传感器插座相连接。将千分尺装在被测介质铜管（或铝管）的自由伸缩端固定位置上，使千分表测试端与被测介质接触，为了保证接触良好，一般可使千分表初始读数为 0.2mm 左右，因为只把该数值作为初读数对待，所以不必调零。如认为有必要，可以通过转动表面，把千分尺主指针读数基本调零，而副指针无调零装置。

5. 正常测量时，按下加热按钮（高速或低速均可，但低速档由于功率小，一般最多只能加热到 50℃ 左右），观察被测金属管温度的变化，直至金属管温度等于所需温度值（如 35℃）。

6. 测量并记录数据：当被测介质温度为 30℃ 时，读出千分表数值 L_{30}，记入数据记录表 2-13 中。接着在温度为 40℃、45℃、50℃、55℃、60℃、65℃、70℃ 时，记录对应的千分表读数 L_{40}、L_{45}、L_{50}、L_{55}、L_{60}、L_{65}、L_{70}。

7. 用逐差法求出温度每升高 5℃ 金属棒的平均伸长量，即可求出金属棒在（35℃，70℃）温度区间的线膨胀系数。

五、注意事项

1. 该实验仪专用加热部件的加热电压低速档为 AC110V，高速档为 AC140V。水位由 7 只双色发光管指示，无水时，所有发光管发红光，随着水位逐步升高，对应的发光管由红色转变为绿色。为了避免在系统缺水的情况下加热器"干烧"，仪器设置了完善的缺水报警和保护系统，循环水一旦缺少，系统报警灯点亮且自动停机。只有水量足够时才能恢复正常。加热按钮按下时，强制冷却被锁住，只有按下复位键，先停止加热，强制风冷降温才能启动。在加热或降温工作状态，热水泵总是处于工作状态。只有按复位按钮，热水泵才停止工作。（长期不用，应从主机底部放水阀门把水放掉。）

2. 由于千分表很敏感，实验时尽量避免碰撞桌子，以免造成千分表读数改变。

六、实验记录

数据记录 1（表 2-11）：有效长度应等于总长度减去固定螺钉外的一小段（约 5mm）。

表 2-11 数据记录 1

测量次数	1	2	3	平均值
铜棒有效长度（mm）				
铝棒有效长度（mm）				

数据记录 2 见表 2-12。

表 2-12　数据记录 2

样品温度（℃）	35	40	45	50	55	60	65	70
测铜棒千分表读数 L_i（$\times 10^{-6}$m）								
测铝棒千分表读数 L_i（$\times 10^{-6}$m）								

用逐差法处理数据（也可以用最小二乘法处理）。计算 $\alpha_{铜}$ 和 $\alpha_{铝}$。

附两种纯金属材料的线膨胀系数见表 2-13。

表 2-13　两种纯金属线膨胀系数

物质名称	温度范围（℃）	线膨胀系数 $\times 10^{-6}$（℃）$^{-1}$
纯铝	0～100	23.8
纯铜	0～100	17.1

注：由于材料提炼和加工的难度，例如纯铝几乎无法进行机械加工，所以一般使用的材料多非纯金属，所以以上参数并非标准数据。而实际使用的金属材料的线膨胀系数比纯金属要小 10%～15%，铜合金约为 1.4×10^{-5}（℃）$^{-1}$，铝合金约为 2.0×10^{-5}（℃）$^{-1}$，供参考。

七、思考题

1. 该实验的误差来源主要有哪些？
2. 如何利用逐差法来处理数据？
3. 利用千分表读数时应注意哪些问题，如何消除误差？

八、附录：千分表的参数（图 2-56）

1. 有效量程：0～1mm。
2. 主指针：每圈 200 格，每格 0.001mm。
3. 副指针：每格 0.2mm，共分 5 格，总计 1mm。
4. 主尺刻度调节圈用于主尺调零。
5. 极限量程可达 0～1.4mm。

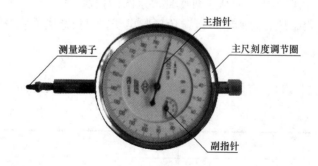

图 2-56　千分表的参数

实验 19　太阳能电池基本特性测量实验

一、实验目的

1. 在没有光照时，太阳能电池主要结构为一个二极管，测量该二极管在正向偏压时的伏安特性曲线，并求得电压和电流关系的经验公式。

2. 测量太阳能电池在光照时的输出伏安特性，作伏安特性曲线图，由图求得它的短路电流 (I_{sc}) 开路电压 (U_{oc})、最大输出功率 P_m 及填充因子 $EF[P_m/(I_{sc}U_{oc})]$。填充因子是代表太阳能电池性能优劣的一个重要参数。

3. 测量太阳能电池的光照特性：测量短路电流 I_{sc} 和相对光强度 $J/J_0 (= x_0/x)$ 之间关系，画出 I_{sc} 与相对光强 $J/J_0 (= x_0/x)$ 之间的关系图；测量开路电压 U_{oc} 和相对光强度 $J/J_0 (= x_0/x)$ 之间的关系，画出 U_{oc} 与相对光强 $J/J_0 (= x_0/x)$ 之间的关系图。

二、实验原理

1. 太阳能电池的物理基础

（1）本征半导体

物质的导电性能取决于原子结构。导体一般为低价元素，它们的最外层电子极易挣脱原子核的束缚成为自由电子，在外电场的作用下产生定向移动，形成电流。高价元素（如惰性气体）或高分子物质（如橡胶），它们的最外层电子受原子核束缚力很强，很难成为自由电子，所以导电性极差，成为绝缘体。常用的半导体材料硅（Si）和锗（Ge）均为四价元素，它们的最外层电子既不像导体那么容易挣脱原子核的束缚，也不像绝缘体那样被原子核束缚得那么紧，因而其导电性介于二者之间。

将纯净的半导体经过一定的工艺过程制成单晶体，即本征半导体。晶体中的原子在空间形成排列整齐的点阵，相邻的原子形成共价键（图 2-57）。

晶体中的共价键具有极强的结合力，因此，在常温下仅有极少数的价电子由于热运动（热激发）获得足够的能量，从而挣脱共价键的束缚成为自由电子。同时，

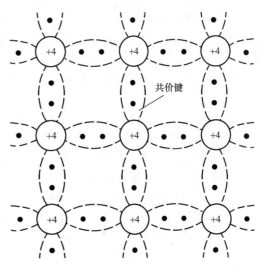

图 2-57　本征半导体

在共价键中留下一个空穴。原子因失掉一个价电子而带正电，或者说空穴带正电。在本征半导体中，自由电子与空穴是成对出现的，即自由电子与空穴数目相等（图 2-58）。

自由电子在运动的过程中如果与空穴相遇就会填补空穴，使两者同时消失，这种现象称为复合。在一定的温度下，本征激发所产生的自由电子与空穴对，与复合的自由电子和空穴对数目相等，故达到动态平衡。

（2）杂质半导体

通过扩散工艺，在本征半导体中掺入少量杂质元素，便可得到杂质半导体。按掺入的杂质元素不同，可形成 N 型半导体和 P 型半导体；控制掺入杂质元素的浓度，就可控制杂质半导体的导电性能。

N 型半导体：在纯净的硅晶体中掺入五价元素（如磷），使之取代晶格中硅原子的位置，就形成了 N 型半导体（图 2-59）。

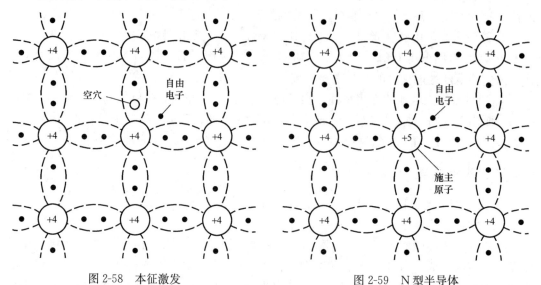

图 2-58　本征激发　　　　　　　　　　　图 2-59　N 型半导体

由于杂质原子的最外层有五个价电子，所以除了与其周围硅原子形成共价键外，还多出一个电子。多出的电子不受共价键的束缚，成为自由电子。N 型半导体中，自由电子的浓度大于空穴的浓度，故称自由电子为多数载流子，空穴为少数载流子。由于杂质原子可以提供电子，故称之为施主原子。

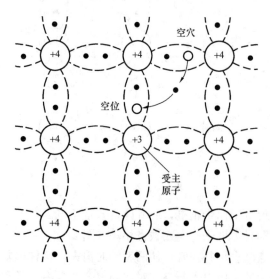

图 2-60　P 型半导体

P 型半导体：在纯净的硅晶体中掺入三价元素（如硼），使之取代晶格中硅原子的位置，就形成了 P 型半导体（图 2-60）。

由于杂质原子的最外层有三个价电子，所以当它们与其周围硅原子形成共价键时，就产生了一个"空位"，当硅原子的最外层电子填补此空位时，其共价键中便产生一个空穴。因而 P 型半导体中，空穴为多数载流子（多子），自由电子为少数载流子（少子）。因杂质原子中的空位吸收电子，故称之为受主原子。

（3）P-N 结

采用不同的掺杂工艺，将 P 型半导体与 N 型半导体制作在同一块硅片上，在它们的交界面就形成 P-N 结。

　　扩散运动：物质总是从浓度高的地方向浓度低的地方运动，这种由于浓度差而产生的运动称为扩散运动。当把 P 型半导体和 N 型半导体制作在一起时，在它们的交界面，两种载流子的浓度差很大，因而 P 区的空穴必然向 N 区扩散，同时，N 区的自由电子也必然向 P 区扩散，如图 2-61 所示。

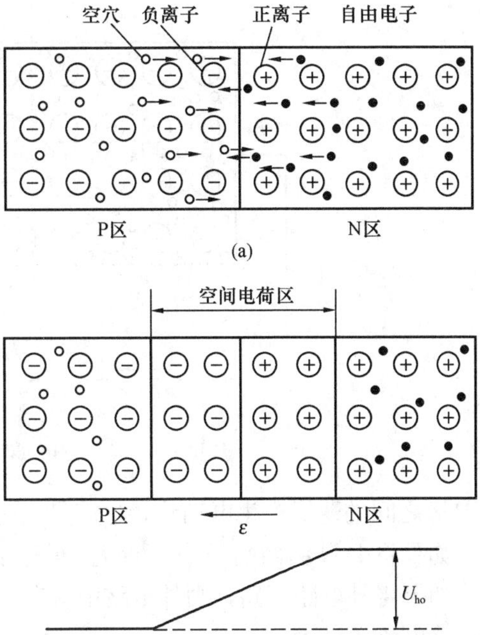

　　由于扩散到 P 区的自由电子与空穴复合，而扩散到 N 区的空穴与自由电子复合，所以在交界面附近多子的浓度下降，P 区出现负离子区，N 区出现正离子区，它们是不能移动的，称为空间电荷区，从而形成内建电场 ε。

　　随着扩散运动的进行，空间电荷区加宽，内建电场增强，其方向由 N 区指向 P 区，正好阻止扩散运动的进行。

图 2-61　P-N 结

　　漂移运动：在电场力作用下，载流子的运动称为漂移运动。

　　当空间电荷区形成后，在内建电场作用下，少子产生飘移运动，空穴从 N 区向 P 区运动，而自由电子从 P 区向 N 区运动。在无外电场和其他激发作用下，参与扩散运动的多子数目等于参与漂移运动的少子数目，从而达到动态平衡，形成 P-N 结，如图 2-62 所示。此时，空间电荷区具有一定的宽度，电位差为 $\varepsilon = U_{ho}$，电流为零。

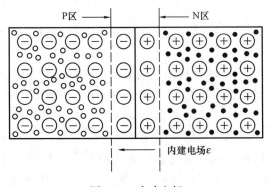

图 2-62　内建电场

2. 太阳能电池工作原理

　　太阳能电池能量转换的基础是半导体 P-N 结的光生伏打效应，当光照射到半导体光伏器件上时，能量大于硅禁带宽度的光电子穿过减反射膜进入硅中，在 N 区、耗尽区和 P 区都激发出光生电子-空穴对。

　　耗尽区：光生电子-空穴对在耗尽区中产生后，立即被内电场分离，光生电子被送进 N 区，光生空穴则被推进 P 区。

　　在 N 区中，光生电子-空穴对产生后，光生空穴向 P-N 结边界扩散，一旦达到 P-N 结边界，便立即受到内建电场作用，被电场力牵引做漂移运动，越过耗尽区进入 P 区，光生电子（多子）则被留在 N 区。

　　在 P 区中，光生电子（少子）同样的先因扩散、后因漂移而进入 N 区，光生空穴（多子）留在 P 区。如此便在 P-N 结两侧形成正、负电荷的积累，使 N 区储存过剩的电子，P 区有过剩的空穴，从而形成与内建电场方向相反的光生电场（图 2-63）。

　　光生电场除了部分抵消势垒电场的作用外，还使 P 区带正电，N 区带负电，在 N 区

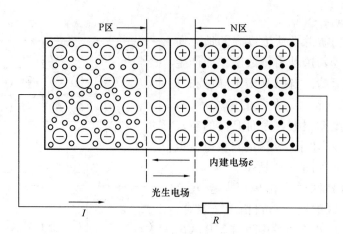

图 2-63　光生电场

和 P 区之间的薄层产生电动势，这就是光生伏特效应。

如果将 P-N 结两端开路，可以测得这个电动势，称之为开路电压 U_{oc}。

如果将外电路短路，则外电路中就有与入射光能量成正比的光电流流过，这个电流称为短路电流 I_{sc}。

(1) 通过光照在界面层产生的电子-空穴对愈多，电流愈大。

(2) 界面层吸收的光能愈多，界面层即电池面积愈大，在太阳能电池中形成的电流也愈大。

(3) 太阳能电池的 N 区、耗尽区和 P 区均能产生光生载流子。

(4) 各区中的光生载流子必须在复合之前越过耗尽区，才能对光电流有贡献，所以求解实际的光生电流必须考虑各区的产生和复合、扩散和漂移等。

3. 太阳能电池的基本结构

太阳能电池用半导体材料制成，多为面结合 P-N 结，靠 P-N 结的光生伏特效应产生电动势。常见的有太阳能电池和硒光电池。

在纯度很高、厚度很薄（0.4mm）的 N 型半导体材料薄片的表面，采用高温扩散法

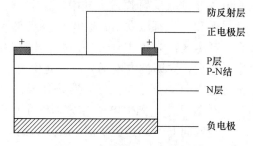

图 2-64　太阳能电池的基本结构

把硼扩散到硅片表面极薄一层内形成 P 层，位于较深处的 N 层保持不变，在硼所扩散到的最深处形成 P-N 结。从 P 层和 N 层分别引出正电极和负电极，上表面涂有一层防反射层，其形状有圆形、方形、长方形、半圆形。太阳能电池的基本结构如图 2-64 所示。

4. 太阳能电池理论模型

太阳能电池在没有光照时其特性可视为一个二极管，其正向偏压 U 与通过电流 I 的关系式为：

$$I = I_0(e^{\beta U} - 1)$$

式中，I_0 和 β 是常数。

由半导体理论，二极管主要是由能隙为 E_c-E_v 的半导体构成，如图 2-65 所示。E_c 为半导体导电带，E_v 为半导体价电带。当入射光子能量大于能隙时，光子会被半导体吸收，

产生电子和空穴对。电子和空穴对会分别受到二极管之内电场的影响而产生光电流。

假设太阳能电池的理论模型是由一个理想电流源（光照产生光电流的电流源）、一个理想二极管、一个并联电阻 R_{sh} 与一个电阻 R_s 所组成，如图 2-66 所示。

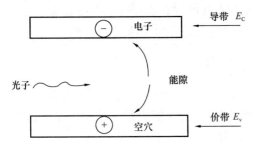

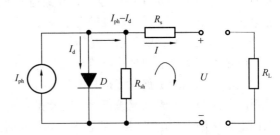

图 2-65　电子和空穴在电场的作用下产生光电流　　　　图 2-66　太阳能电池的理论模型电路图

图 2-66 中，I_{ph} 为太阳能电池在光照时的等效电源输出电流，I_d 为光照时通过太阳能电池内部二极管的电流。由基尔霍夫定律得：

$$IR_s + U - (I_{ph} - I_d - I)R_{sh} = 0$$

式中，I 为太阳能电池的输出电流，U 为输出电压。

$$I\left(1 + \frac{R_s}{R_{sh}}\right) = I_{ph} - \frac{U}{R_{sh}} - I_d$$

假定 $R_{sh} = \infty$ 和 $R_s = 0$，太阳能电池可简化为图 2-67 所示电路。

这里，$I = I_{ph} - I_d = I_{ph} - I_0(e^{\beta U} - 1)$。

在短路时，$U = 0$，$I_{ph} = I_{sc}$；而在开路时，$I = 0$，$I_{sc} - I_0(e^{\beta U_{oc}} - 1) = 0$；所以 $U_{OC} = \frac{1}{\beta}\ln\left(\frac{I_{sc}}{I_0} + 1\right)$。

在 $R_{sh} = \infty$ 和 $R_s = 0$ 的情况下，太阳能电池的开路电压 U_{OC} 和短路电流 I_{sc} 的关系式。其中 U_{OC} 为开路电压，I_{sc} 为短路电流，而 I_0 和 β 是常数。

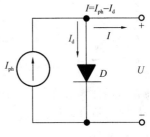

图 2-67　太阳能电池的
简化电路图

5. 太阳能电池的光电转换效率

太阳能电池在实现光电转换时，并非所有照射在电池表面的光能全部被转换为电能。例如，在太阳照射下，太阳能电池转换效率最高，但目前也仅达 22％左右。其原因有多种，如反射损失；波长过长的光（光子能量小）不能激发电子空穴对，波长过短的光固然能激发电子-空穴对，但能量再大，一个光子也只能激发一个电子-空穴对；在离 P-N 结较远处被激发的电子-空穴对会自行重新复合，对电动势无贡献；内部和表面存在晶格缺陷会使电子-空穴对重新复合；光电流通过 P-N 结时会有漏电等。

6. 太阳能电池的基本特性

（1）太阳能电池的开路电压与入射光强度的关系

太阳能电池的开路电压是太阳能电池在外电路断开时两端的电压，用 U_∞ 表示，亦即太阳能电池的电动势。在无光照射时，开路电压为零。

太阳能电池的开路电压不仅与太阳能电池材料有关，而且与入射光强度有关。在相同的光强照射下，不同材料制成的太阳能电池的开路电压不同。理论上，开路电压的最大值等于材料禁带宽度的1/2。例如，禁带宽度为1.1eV的硅太阳能电池，开路电压为0.5~0.6V。对于给定的太阳能电池，其开路电压随入射光强度变化而变化。其规律是：太阳能电池开路电压与入射光强度的对数成正比，即开路电压随入射光强度增大而增大，但入射光强度越大，开路电压增大越缓慢。

（2）太阳能电池的短路电流与入射光强度的关系

太阳能电池的短路电流是它无负载时回路中电流，用 I_{SC} 表示。对给定的太阳能电池，其短路电流与入射光强度成正比。对此是容易理解的，因为入射光强度越大，光子越多，从而由光子激发的电子-空穴对越多，短路电流也越大。

（3）在一定入射光强度下太阳能电池的输出特性

当太阳能电池两端连接负载而使电路闭合时，如果入射光强度一定，则电路中的电流 I 和路端电压 U 均随负载电阻的改变而改变，同时，太阳能电池的内阻也随之变化。太阳能电池的输出伏安特性曲线如图2-68所示。

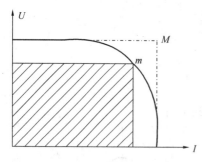

图2-68 太阳能电池的输出特性曲线

图2-68中，当 $U=0$ 时，I_{SC} 为短路时的电流，即在该入射光强度下的太阳能电池的短路电流 I_{SC}。当 $I=0$ 时，U_∞ 为开路时的路端电压，即太阳能电池在该入射光强度下的开路电压，曲线上任一点对对应的 I 和 U 的乘积（在图中则是一个矩形的面积），就是太阳能电池在相应负载电阻时的输出功率 P。曲线上有一点 m，其对应 I_{mp} 和 U_{mp} 的乘积（即图中画斜线的矩形面积）最大。可见，太阳能电池仅在其负载电阻值为 U_{mp} 和 I_{mp} 值时，才有最大输出功率。这个负载电阻称为最佳负载电阻，用 R_{mp} 表示。因此，通过研究太阳能电池在一定入射光强度下的输出特性，可以找出它在该入射光强度下的最佳负载电阻。它在该负载电阻时工作状态为最佳状态，输出功率最大。

（4）太阳能电池在一定入射光强度下的曲线因子（或填充因子）$F \cdot F$ 曲线因子定义式为：

$$F \cdot F = (U_{mp} I_{mp}) / (U_\infty I_{SC})$$

在一定入射光强度下，太阳能电池的开路电压 U_∞ 和短路电流 I_{SC} 是一定的。而 U_{mp} 和 I_{mp} 分别为太阳能电池在该入射光强度下输出功率最大时的电压和电流。可见，曲线因子的物理意义是表示太阳能电池在该入射光强度下的最大输出效率。

从太阳能电池的输出伏安特性曲线来看，曲线因子 $F \cdot F$ 的大小等于斜线矩形的面积（与 m 点对应）与矩形 $I_{SC} U_\infty$ 的面积（与 M 点对应）之比。如果输出伏安特性曲线越接近矩形，则 m 与 M 就越接近重合，曲线因子 $F \cdot F$ 就越接近1，太阳能电池的最大输出效率越大。

三、实验装置

光具座（上面装有滑块支架、盒装太阳能电池板、碘钨灯白光光源）、导线若干、有机玻璃遮光罩、数字万用表 1 只（用户自备）、电阻箱 1 只（用户自备）（图 2-69）。

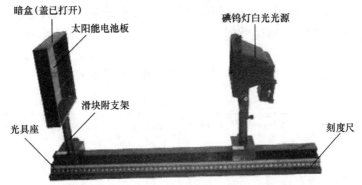

图 2-69 实验装置的测试架（光具座）示意图

四、实验内容及步骤

1. 太阳能电池的特性测量

在一定的光照条件下，按图 2-70 所示进行太阳能电池伏安特性测量，具体接线图如图 2-71 所示。光源到太阳能电池距离保持 20cm 不变。

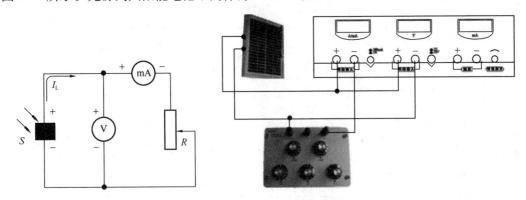

图 2-70 太阳能电池伏安特性测试电路　　　　图 2-71 太阳能电池特性测试实验连线图

保持光照条件不变，改变太阳能电池的负载电阻 R 的大小，记录太阳能电池的输出电压 U 和输出电流 I，填入表 2-14 中。

2. 测量太阳能电池的光照特性

在暗箱中（用遮光罩挡光），把太阳能电池在距离白光光源 $x_0 = 20$cm 的水平距离接受到的光照强度作为标准光照强度 J_0，然后改变太阳能电池到光源的距离 x_i，根据光照强度和距离成反比的原理，计算出各点对应的相对光照强度 $J/J_0 = x_0/x_i$ 的数值。测量太阳能电池在不同相对光照强度 J/J_0 时，对应的短路电流 I_{SC} 和开路电压 U_{OC} 的值，测量结果记录在表 2-14 中。

五、数据记录及处理

1. 太阳能电池的特性测量

（1）计算输出功率 P。

（2）根据表 2-14 数据，绘制太阳能电池的伏安特性曲线。

（3）根据表 2-14 数据，求出该太阳能电池的开路电压 U_{oc}，短路电流 I_{sc}。

（4）根据表 2-14 数据，求出该太阳能电池的最大输出功率 P_m、最大工作电压 U_m、最大工作电流 I_m。

（5）根据表 2-15 数据，求出该太阳能电池的填充因子 $F \cdot F$。

表 2-14 数据 1

负载电阻 R （Ω）	太阳能电池输出电压 U （V）	太阳能电池输出电流 I （mA）	输出功率 P （mW）
∞			
9000			
8000			
7000			
6000			
5000			
4000			
3000			
2000			
1000			
900			
800			
700			
600			
500			
400			
300			
200			
100			
90			
80			
70			
60			
50			
40			
30			
20			
10			
9			
8			

负载电阻 R （Ω）	太阳能电池输出电压 U （V）	太阳能电池输出电流 I （mA）	输出功率 P （mW）
7			
6			
5			
4			
3			
2			
1			
0.9			
0.8			
0.7			
0.6			
0.5			
0.4			
0.3			
0.2			
0.1			
0			

表 2-15　数据 2

U_{oc} （V）	I_{sc} （mA）	U_m （V）	I_m （mA）	P_m （mW）	$F \cdot F$

2. 测量太阳能电池的光照特性（表 2-16）

表 2-16　太阳能电池短路电流 I_{sc}、开路电压 U_{oc} 与相对光照强度 J/J_0 对应关系

灯与太阳能电池距离 x_i （cm）	相对光照强度 J/J_0	I_{SC} （A）	U_{OC} （V）
50	0.4		
48	0.417		
46	0.435		
44	0.455		
42	0.476		
40	0.5		
38	0.526		
36	0.556		
34	0.588		
32	0.625		

续表

灯与太阳能电池距离 x_i (cm)	相对光照强度 J/J_0	I_{SC} (A)	U_{OC} (V)
30	0.667		
28	0.714		
26	0.769		
24	0.833		
22	0.909		
20	1		

（1）描绘短路电流 I_{SC} 和相对光照强度 J/J_0 之间的关系曲线，求短路电流 I_{SC} 与相对光照强度 J/J_0 之间近似函数表达式。

（2）描绘开路电压 U_{OC} 和相对光照强度 J/J_0 之间的关系曲线，求开路电压 U_{OC} 与相对光照强度 J/J_0 之间近似函数表达式。

六、注意事项

1. 光源和太阳能电池在工作时，表面温度会很高，禁止触摸；禁止用水打湿光源和太阳能电池防护玻璃，以免发生破裂。

2. 必须在标定的技术参数范围内使用电阻箱负载。

七、思考题

1. 该实验的误差来源主要有哪些？如何减少误差？
2. 如何提高太阳能电池的效率？

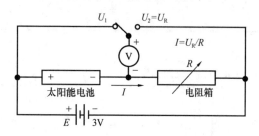

图 2-72　全暗时太阳能电池在外加偏压时伏安特性测量

八、实验数据范例

以下数据仅供实验时参考，不作为仪器验收标准。

1. 在全暗的情况下，测量太阳能电池正向偏压下流过太阳能电池的电流 I 和太阳能电池的输出电压 U。

测量电路如图 2-72 所示，改变电阻箱的阻值，用万用表量出各种阻值下太阳能电池与电阻箱两端的电压，算出电流，测量结果如表 2-17 所示。

表 2-17　全暗情况下太阳能电池在外加偏压时伏安特性数据记录

$R(k\Omega)$	$U_1(V)$	$U_2(V)$	$I(\mu A) = U_2/R$	$\ln I$
50.00	1.21	2.95	59.0	1.771
45.00	1.27	2.89	64.2	1.808
40.00	1.33	2.83	70.8	1.850
35.00	1.46	2.75	78.6	1.895

续表

$R(\mathrm{k\Omega})$	$U_1(\mathrm{V})$	$U_2(\mathrm{V})$	$I(\mu\mathrm{A}) = U_2/R$	$\ln I$
30.00	1.49	2.67	89.0	1.949
25.00	1.59	2.57	102.8	2.012
20.00	1.72	2.44	122.0	2.086
15.00	1.88	2.27	151.3	2.180
8.00	2.25	1.91	238.8	2.378
5.00	2.51	1.64	328.0	2.516
2.00	3.00	1.16	580.0	2.763
1.00	3.31	0.84	840.0	2.924
0.00	4.16	0.00	1360.0	3.134

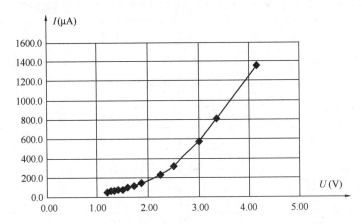

图 2-73　全暗情况下太阳能电池外加偏压时伏安特性曲线

根据图 2-74 所示，电流与电压的指数关系得到验证。

如果用户有 $0\sim3.0\mathrm{V}$ 直流可调电源，则可采用图 2-75 实验电路：正向偏压在 $0\sim$ $3.0\mathrm{V}$ 变化条件下，取 $R=1000\Omega$。实验步骤与表格请同学自拟。

2. 不加偏压，在不使用遮光罩条件下，保持白光源到太阳能电池距离 20cm，测量太

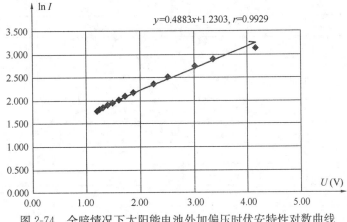

图 2-74　全暗情况下太阳能电池外加偏压时伏安特性对数曲线

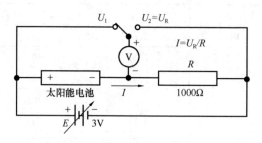

图 2-75　全暗情况下太阳能电池外加偏压时伏安特性测量线路

阳能电池的输出电流 I 对太阳能电池的输出电压 U 的关系，测量电路与图 2-72 一样。

测量结果如表 2-18 所示。

表 2-18　恒定光照下太阳能电池在不加偏压时伏安特性数据记录

$R(\Omega)$	$U_1(V)$	$I(mA)$	$P(mW)$
5	0.51	102.0	52.0
10	1.02	102.0	104.0
15	1.51	100.7	152.0
20	2.04	102.0	208.1
25	2.53	101.2	256.0
30	2.99	99.7	298.0
35	3.50	100.0	350.0
40	3.92	98.0	384.2
45	4.40	97.8	430.2
50	4.68	93.6	438.0
55	4.95	90.0	445.5
60	5.09	84.8	431.8
65	5.24	80.6	422.4
70	5.35	76.4	408.9
75	5.37	71.6	384.5
80	5.44	68.0	369.9
85	5.45	64.1	349.4
90	5.55	61.7	342.3
95	5.55	58.4	324.2
100	5.57	55.7	310.2
150	5.65	37.7	212.8
200	5.79	29.0	167.6
500	5.85	11.7	68.4
800	5.87	7.3	43.1
1000	5.88	5.9	34.6

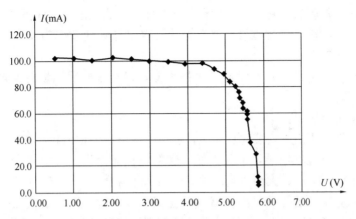

图 2-76 在恒定光照下太阳能电池不加偏压时的伏安特性曲线

由图 2-76 得短路电流 $I_{sc} \approx 0.102A$，开路电压 $U_{OC} \approx 5.88V$。太阳能电池在光照时，输出功率 $P = I \times U$ 与负载电阻 R 的关系如图 2-76 所示，可得到最大输出功率：$P_{max} \approx 446mW$，此时负载电阻 $R \approx 55\Omega$，于是得填充因子：

$$F \cdot F = \frac{P_m}{I_{sc}U_{OC}} \approx \frac{446 \times 10^{-3}}{0.102 \times 5.88} = 0.744$$

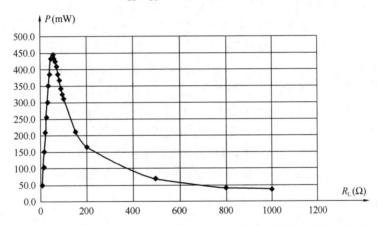

图 2-77 恒定光照无偏压太阳能电池输出功率与负载电阻的关系曲线

实验 20 燃料电池的特性研究实验

一、概述

燃料电池（Fuel Cell）是一种将存在于燃料与氧化剂中的化学能直接转化为电能的发电装置。燃料和空气分别送进燃料电池，电就被奇妙地生产出来。它从外表上看有正负极和电解质等，像一个蓄电池，但实质上它不能"储电"而是一个"发电厂"。

燃料电池十分复杂，涉及化学热力学、电化学、电催化、材料科学、电力系统及自动控制等学科的有关理论，具有发电效率高、环境污染少等优点。总的来说，燃料电池具有以下特点：

（1）能量转化效率高。它直接将燃料的化学能转化为电能，中间不经过燃烧过程，因而不受卡诺循环的限制。目前燃料电池系统的燃料电能转换效率为 $45\% \sim 60\%$，而火力发电和核电的效率在 $30\% \sim 40\%$。

（2）有害气体 SO_x、NO_x 及噪声排放都很低，CO_2 排放因能量转换效率高而大幅度降低，无机械振动。

（3）燃料适用范围广。

（4）积木化强。规模及安装地点灵活，燃料电池电站占地面积小，建设周期短，电站功率可根据需要由电池堆组装，十分方便。燃料电池无论作为集中式电站还是分布式电站，或是作为小区、工厂、大型建筑的独立电站都非常合适。

（5）负荷响应快，运行质量高。燃料电池在数秒内就可以从最低功率变换到额定功率，而且电厂离负荷可以很近，从而改善地区频率偏移和电压波动，降低现有变电设备和电流载波容量，减少输变线路投资和线路损失。

1839 年英国的 Grove 发明了燃料电池，并用这种以铂黑（Platinum Black）为电极催化剂的简单的氢氧燃料电池点亮了伦敦讲演厅的照明灯。1889 年 Mood 和 Langer 首先采用了燃料电池这一名称，并获得 $200mA/m^2$ 电流密度。由于发电机和电极过程动力学的研究未能跟上，燃料电池的研究直到 20 世纪 50 年代才有了实质性的进展，英国剑桥大学的 Bacon 用高压氢氧制成了具有实用功率水平的燃料电池。60 年代，这种电池成功地应用于阿波罗（Appollo）登月飞船。从 60 年代开始，氢氧燃料电池广泛应用于宇航领域，同时，兆瓦级的磷酸燃料电池也研制成功。到 80 年代，各种小功率电池在宇航、军事、交通等各个领域中得到应用。燃料电池是一种将储存在燃料和氧化剂中的化学能直接转化为电能的装置。当源源不断地从外部向燃料电池供给燃料和氧化剂时，它可以连续发电。依据电解质的不同，燃料电池分为碱性燃料电池（AFC）、磷酸型燃料电池（PAFC）、熔融碳酸盐燃料电池（MCFC）、固体氧化物燃料电池（SOFC）及质子交换膜燃料电池（PEMFC）等。燃料电池不受卡诺循环限制，能量转换效率高，洁净、无污染、噪声低、模块结构、积木性强、比功率高，既可以集中供电，也适合分散供电。

二、实验目的

1. 了解质子交换膜电解池（PEMWE）的工作原理。
2. 了解质子交换膜燃料电池（PEMFC）的工作原理。
3. 测量燃料电池的伏安特性曲线、开路电压、短路电流、最大输出功率以及转化效率。

三、实验原理

1. 质子交换膜燃料电池（PEMFC）的工作原理

燃料电池的工作过程实际上是电解水的逆过程，其基本原理早在 1839 年由英国律师兼物理学家威廉·罗泊特·格鲁夫（William Robert Grove）提出，他是世界上第一位实现电解水逆反应并产生电流的科学家。近两个世纪以来，燃料电池除了被用于宇航等特殊领域外，极少受到人们关注。只是到近十几年来，随着环境保护、节约能源、保护有限自然资源的意识的加强，燃料电池才开始得到重视和发展。

质子交换膜燃料电池（Proton Exchange Membrane Fuel Cell，PEMFC）技术是目前世界上最成熟的一种能将氢气与空气中的氧气化合成洁净水并释放出电能的技术，其工作原理如图 2-78 所示。

（1）氢气通过管道到达阳极，在阳极催化剂作用下，氢分子解离为带正电的氢离子（即质子）并释放出带负电的电子。

$$H_2 = 2H^+ + 2e$$

（2）氢离子穿过质子交换膜到达阴极；电子则通过外电路到达阴极。电子在外电路形成电流，通过适当连接可向负载输出电能。

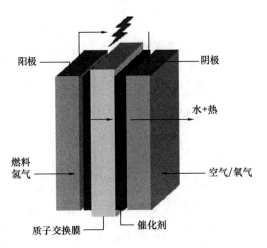

图 2-78　质子交换膜燃料电池工作原理

（3）在电池另一端，氧气通过管道到达阴极；在阴极催化剂作用下，氧与氢离子及电子发生反应生成水。

$$O_2 + 4H^+ + 4e = 2H_2O$$

总的反应方程式：$2H_2 + O_2 = 2H_2O$

燃料电池有多种，区别在于使用的电解质不同。质子交换膜燃料电池以质子交换膜为电解质，其特点是工作温度低（70～80℃），启动速度快，特别适于用作动力电池。电池内化学反应温度一般不超过 80℃，故称为"冷燃烧"。

质子交换膜燃料电池的核心是一种三合一热压组合体，包括一块质子交换膜和两块涂覆了贵金属催化剂铂（Pt）的碳纤维纸。

由上述原理可知，在质子交换膜燃料电池中，阳极和阴极之间有一极薄的质子交换膜，H^+ 离子从阳极通过这层膜到达阴极，并且在阴极与 O_2 原子结合生成水分子 H_2O。当质子交换膜的湿润状况良好时，由于电池的内阻低，燃料电池的输出电压高，负载能力强。反之，当质子交换膜的湿润状况变坏时，电池的内阻变大，燃料电池的输出电压下降，负载能力降低。在大的负荷下，燃料电池内部的电流密度增加，电化学反应加强，燃料电池阴极侧水的生成也相应增多。此时，如不及时排水，阴极将会被淹，正常的电化学反应被破坏，致使燃料电池失效。由此可见，保持电池内部适当湿度，并及时排出阴极侧多余的水，是确保质子交换膜燃料电池稳定运行及延长工作寿命的重要手段。因此，解决好质子交换膜燃料电池内的湿度调节及电池阴极侧的排水控制，是研究大功率、高性能质子交换膜燃料电池系统的重要课题。燃料电池性能的关键是膜电极的制作和电池水/热平衡控制技术。前者决定电池的性能，后者则关系到电池能否稳定运行。

2. 质子交换膜电解池（Proton Exchange Membrane Water Electrolyzer，PEMWE）

同燃料电池一样，水电解装置因电解质的不同而各异，碱性溶液和质子交换膜是最常见的电解质，图 2-79 为质子交换膜电解池原理图。

质子交换膜电解池的核心是一块涂覆了贵金属催化剂铂（Pt）的质子交换膜和两块钛网电极。

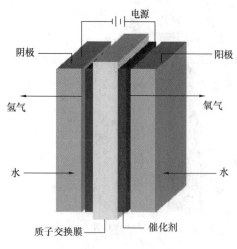

图 2-79　质子交换膜电解池工作原理

电解池将水电解产生氢气和氧气，与燃料电池中氢气和氧气反应生成水互为逆过程，其具体工作原理如下：

（1）外加电源向电解池阳极施加直流电压，水在阳极发生电解，生成氢离子、电子和氧分子，氧分子从水分子中分离出来生成氧气，从氧气通道溢出。

$$2H_2O = O_2 + 4H^+ + 4e$$

（2）电子通过外电路从电解池阳极流动到电解池阴极，氢离子透过聚合物膜从电解池阳极转移到电解池阴极，在阴极还原成氢分子，从氢气通道中溢出，完成整个电解过程。

$$2H^+ + 2e = H_2$$

总的反应方程式：$2H_2O = 2H_2 + O_2$

四、实验仪器

1. 燃料电池测试架（图 2-80）

主要技术参数如下，燃料电池功率：$50 \sim 100mW$；燃料电池输出电压：$500 \sim$

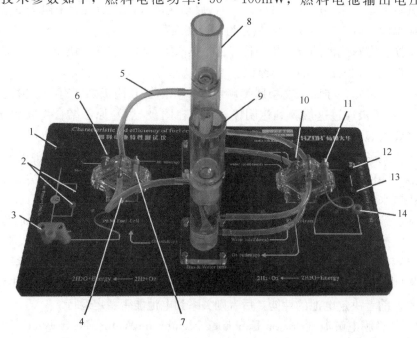

图 2-80　燃料电池测试架

1，3—短接插；2—燃料电池电压输出；4—氧气连接管；5—氢气连接管；6—燃料电池负极；
7—燃料电池正极；8—储水储氢罐；9—储水储氧罐；10—电解池负极；11—电解池正极；
12—保险丝座（0.5A）；13—电解池电源输入负极；13—电解池电源输入正极

1000mV；电解池工作状态：电压＜2.5V，电流＜500mA。

2. 电阻负载（图 2-81 和表 2-19）

表 2-19　电阻箱技术参数

步进盘（Ω）	0.1	1	10	100	1000
精度（%）	2	0.5	5	5	5
额定电流（A）	1.5	0.5	0.5	0.15	0.03

注：不要超过电阻箱的额定工作电流，以免烧坏电阻元件。

五、实验内容与步骤

1. 燃料电池的特性测量

（1）把测试仪的恒流输出连接到电解池供电输入端，断开燃料电池输出和风扇的连接（拔开短接插），把电流调节电位器打到最小，打开燃料电池下部的排气口胶塞。

（2）开启电源，缓慢调节电流调节电位器，使恒流输出大概在 100mA，预热 5min。

图 2-81　电阻箱

（3）把电解池电解电流调到 350mA，使电解池快速产生氢气和氧气，排出储水储气管的空气，等待 10min，确保电池中燃料的浓度达到平衡值，此时用电压表测量燃料电池的开路输出电压将会恒定不变。

（4）先把电阻箱的阻值打到最大，参照图 2-82，连接燃料电池、电压表、电流表以及电阻箱，测量燃料电池的输出特性。电压表量程选择 2V，电流表量程选择 200mA（若电流超过 200mA，可以选择 2A 量程）。

（5）改变负载电阻箱，记录燃料电池的输出电压和输出电流，记入表 2-20 中。

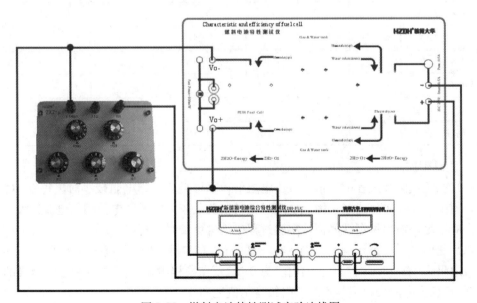

图 2-82　燃料电池特性测试实验连线图

（6）根据表 2-20 数据，作出燃料电池静态特性曲线。

（7）根据表 2-20 数据，作出燃料电池输出功率和输出电压之间的关系曲线。

表 2-20　燃料电池的输出特性数据

负载电阻 R（Ω）	∞	9999.9	7999.9	5999.9	3999.9	1999.9	999.9	899.9
输出电压 U（V）								
输出电流 I（mA）								
输出功率 P（mW）								
负载电阻 R（Ω）	799.9	699.9	599.9	499.9	399.9	299.9	199.9	99.9
输出电压 U（V）								
输出电流 I（mA）								
输出功率 P（mW）								
负载电阻 R（Ω）	89.9	79.9	69.9	59.9	49.9	39.9	29.9	19.9
输出电压 U（V）								
输出电流 I（mA）								
输出功率 P（mW）								
负载电阻 R（Ω）	9.9	8.9	7.9	6.9	5.9	4.9	4.5	3.0
输出电压 U（V）								
输出电流 I（mA）								
输出功率 P（mW）								
负载电阻 R（Ω）	2.5	2	1.8	1.6	1.5	1.4	1.3	1.2
输出电压 U（V）								
输出电流 I（mA）								
输出功率 P（mW）								
负载电阻 R（Ω）	1.1	1.0	0.9	0.8	0.7	0.6	0.5	0.4
输出电压 U（V）								
输出电流 I（mA）								
输出功率 P（mW）								

2. 注意事项

（1）在负载调节过程中，依次减小电阻值，不可突变；当电阻较小时，每 0.1Ω 测量一次，测试时间要尽可能短，因为电阻过小时，负载较大，燃料电池输出电流很大，造成燃料供应不足，输出稳定性降低。实验过程中，避免长时间短路。

（2）任何电流表都是有内阻的，在测试的过程中应该考虑电流表的内阻。200mA 档电流表内阻为 1Ω，2A 档电流表的内阻为 0.1Ω，在换档测试过程中须考虑此因素的存在（即实际负载为电流表内阻与负载电阻箱显示值之和）。

3. 测量电解池燃料电池系统效率

电解池产生氢氧燃料的体积与输入电解电流大小成正比，而氢氧燃料进入燃料电池后将产生电压和电流，若不考虑电解器的能量损失，燃料电池效率可以定义为：

$$\eta = \frac{I_{FUC} \cdot U_{FUC}}{I_{WE} \cdot 1.23} \times 100\%$$

式中，I_{FUC}、U_{FUC} 分别为燃料电池的输出电流和输出电压；I_{WE} 为水电解器电解电流。

电解池燃料电池系统的最大效率定义为：

$$\eta_{max} = \frac{P_{max}}{I_{WE} \cdot 1.23} \times 100\%$$

式中，P_{max} 为燃料电池的最大输出功率。

实验完毕后，先切断电解池电源，让燃料电池带负载工作一段时间，消耗剩余的燃料。

六、注意事项

（1）禁止在储水储气罐无水的情况下接通电解池电源，以免烧坏电解池。

（2）电解池用水必须为去离子水或者蒸馏水，否则将严重损坏电解池。

（3）电解池工作电压必须小于 2.5V，电流小于 0.5A，并且禁止正负极反接，以免烧坏电解池。

（4）禁止在燃料电池输出端外加直流电压，禁止燃料电池输出短路。

（5）光源和太阳能电池在工作时，表面温度很高，禁止触摸；禁止用水打湿光源和太阳能电池防护玻璃，以免发生破裂。

（6）必须在标定的技术参数范围内使用电阻箱负载。

（7）每次使用完毕后不用将储水储气罐的水倒出，留待下次实验继续使用，注意水位低于电解池出气口上沿时，应补水至水位线。

（8）间隔使用期超过 2 周时，燃料电池的质子交换膜会比较干燥，影响发电效果；质子交换膜必须含有足够的水分，才能保证质子的传导。但水含量又不能过高，否则电极被水淹没，水阻塞气体通道，燃料不能传导到质子交换膜参与反应。

（9）仪器连续工作时，燃料电池反应生成的水如果没有及时排出，可能会堵塞氢气和氧气的反应通道，造成气体传导不畅，影响燃料电池发电。

（10）实验完毕后，关闭电解池电源，让燃料电池自然停止工作，以便消耗掉已产生的氢气和氧气。

（11）在电解电流不变时，燃料供应量是恒定的。若负载选择不当，电池输出电流太小，未参加反应的气体会从排气口泄漏，燃料利用率及效率将会降低。

（12）实验时，保持室内通风，禁止任何明火。

七、故障处理

1. 电解池没有气泡产生，不电解。

故障原因：电源插接不牢；恒流电源损坏；连接线断路。

处理方法：检查电源线插接是否牢固；恒流电源与电解池正负极相连是否正确；电解

池电流输入插座内部是否与电解池相连；恒流源是否损坏；请专业人员维修。

2. 储水储气罐两边水位不一致。

故障原因：燃料电池出气口堵塞；出气连接管堵塞。

处理方法：用洗水棉处理燃料电池出气口中的水柱，使之畅通；检查管道是否堵塞；请专业人员维修。

3. 有氢气和氧气供应，燃料电池输出电压过低或者不稳定。

故障原因：管道或者燃料电池漏气；燃料电池比较干燥；燃料电池中水汽过多；电解池电解时间过短或者电解电流过小；燃料电池输出短路或者负载太大。

处理方法：检查管道和燃料电池；向燃料电池中滴入少量去离子水；断开连接管，取出燃料电池模块，通过甩或者洗水棉除掉燃料电池中过多的水分；断开燃料电池负载，增加电解时间或者加大电解电流；检查燃料电池是否短路或者负载太大。

八、思考题

1. 在实验过程中，燃料电池的输出电压不稳定，可能是什么原因？
2. 实验中储水储气罐两边水位不一致对数据有什么影响？

九、实验举例

1. 测试条件：电解池采用 350mA 恒流源供电，即 $I_{WE}=350mA$，电解池通电 15min 后开展实验（此时燃料电池负载开路或者负载电阻值调到最大 9999.9Ω）。按图 2-82 开展连线，进行燃料电池特性测试，数据如表 2-21 所示。

表 2-21　燃料电池特性测试数据

负载电阻 （Ω）	燃料电池输出电压 （V）	燃料电池输出电流 （mA）	输出功率 （mW）
9999.9	0.823	0.1	0.0823
8999.9	0.823	0.1	0.0823
7999.9	0.823	0.1	0.0823
6999.9	0.823	0.1	0.0823
5999.9	0.823	0.1	0.0823
4999.9	0.823	0.1	0.0823
3999.9	0.821	0.2	0.1642
2999.9	0.82	0.3	0.246
1999.9	0.819	0.4	0.3276
999.9	0.817	0.8	0.6536
899.9	0.816	0.9	0.7344
799.9	0.816	1	0.816
699.9	0.815	1.2	0.978
599.9	0.814	1.3	1.0582

续表

负载电阻 （Ω）	燃料电池输出电压 （V）	燃料电池输出电流 （mA）	输出功率 （mW）
499.9	0.812	1.6	1.2992
399.9	0.81	2	1.62
299.9	0.808	2.7	2.1816
199.9	0.802	4	3.208
100.9	0.787	7.8	6.1386
90.9	0.784	8.6	6.7424
80.9	0.781	9.6	7.4976
70.9	0.776	10.9	8.4584
60.9	0.77	12.6	9.702
50.9	0.763	14.9	11.3687
40.9	0.752	18.3	13.7616
30.9	0.737	23.7	17.4669
20.9	0.71	33.6	23.856
10.9	0.648	58.3	37.7784
9.9	0.638	63	40.194
8.9	0.625	68.5	42.8125
7.9	0.609	75.1	45.7359
6.9	0.591	83.2	49.1712
5.9	0.568	93.2	52.9376
4.9	0.539	105.9	57.0801
3.9	0.503	123	61.869
2.9	0.452	146.7	66.3084
1.9	0.379	181.8	68.9022
1	0.277	237	65.649
0.9	0.261	244	63.684
0.8	0.244	252	61.488
0.7	0.227	261	59.247
0.6	0.208	271	56.368
0.5	0.188	281	52.828
0.4	0.166	290	48.14
0.3	0.141	300	42.3
0.2	0.115	300	34.5
0.1	0.08	300	24

2. 根据表 2-21 数据，绘制太阳能电池的伏安特性曲线，如图 2-83 所示。

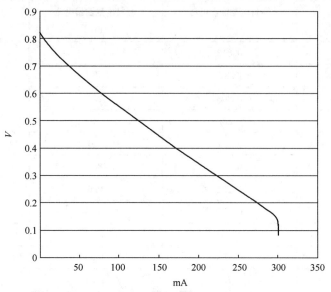

图 2-83　燃料电池的伏安特性曲线

3. 从图 2-83 可以看出，燃料电池的伏安特性曲线并非线性，取表 2-21 中部分数据，如表 2-22 所示，绘制伏安特性曲线，如图 2-84 所示。

表 2-22　抽取的部分测试数据

负载电阻 （Ω）	燃料电池输出电压 （V）	燃料电池输出电流 （mA）	输出功率 （mW）
20.9	0.71	33.6	23.856
10.9	0.648	58.3	37.7784
9.9	0.638	63	40.194
8.9	0.625	68.5	42.8125
7.9	0.609	75.1	45.7359
6.9	0.591	83.2	49.1712
5.9	0.568	93.2	52.9376
4.9	0.539	105.9	57.0801
3.9	0.503	123	61.869
2.9	0.452	146.7	66.3084
1.9	0.379	181.8	68.9022
1	0.277	237	65.649
0.9	0.261	244	63.684
0.8	0.244	252	61.488
0.7	0.227	261	59.247
0.6	0.208	271	56.368
0.5	0.188	281	52.828

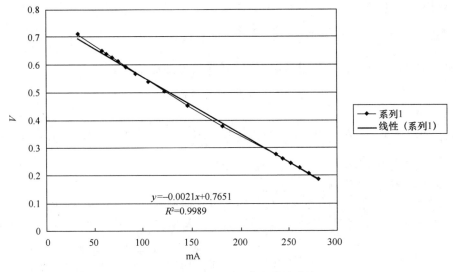

图 2-84　燃料电池的伏安特性曲线

4. 依托图 2-84 数据曲线作线性曲线拟合，得到曲线解析式：$y = -0.0021x + 0.7651$，$R^2 = 0.9989$；从拟合数据可以看出，该部分曲线接近线性，也就是燃料电池最佳工作区域。

5. 根据拟合的曲线，可以求出燃料电池的最大输出功率：

$$P_{max} = y \cdot x = -0.0021x^2 + 0.7651x = -0.0021 \times 182.2^2 + 0.7651 \times 182.2 = 69.69(\text{mW})$$

6. 求得燃料电池输出功率最大时，电解池燃料电池系统效率为：

$$\eta_{max} = \frac{P_{max}}{I_{WE} \cdot 1.23} \times 100\% = \frac{69.69}{350 \times 1.23} \times 100\% = 16.2\%$$

实验 21　固体导热系数测定

一、实验目的

1. 用稳态法测量不良导体的导热系数，并与理论值进行比较。
2. 了解 PT100 温度传感器的测温原理及使用。

二、实验原理

导热系数是反映材料导热性能的重要参数之一，导热系数大、导热性能较好的材料称为良热导体，导热系数小、导热性能较差的材料称为不良热导体。一般来说，金属的导热系数比非金属的要大，固体的导热系数比液体的要大，气体的导热系数最小。材料结构的变化与所含杂质等因素都会对导热系数产生明显的影响，因此，材料的导热系数常常需要通过实验来具体测定。测量导热系数的方法比较多，但可以归并为两类基本方法：一类是稳态法，另一类为动态法。用稳态法时，先用热源对测试样品进行加热，并在样品内部形成稳定的温度分布，然后进行测量。而在动态法中，待测样品中的温度分布是随时间变化的，例如按周期性变化等。本实验采用稳态法进行测量。

1. 热传导定律

傅里叶热传导定律：若在垂直于热传导方向上作一截面 ΔS，以 $\left(\dfrac{\mathrm{d}T}{\mathrm{d}x}\right)_{x_0}$ 表示 x_0 处的温度梯度，那么在时间 Δt 内通过截面面积 ΔS 所传递的热量 ΔQ 为：

$$\frac{\Delta Q}{\Delta t} = -\lambda \left(\frac{\mathrm{d}T}{\mathrm{d}x}\right)_{x_0} \cdot \Delta S$$

式中，$\dfrac{\Delta Q}{\Delta t}$ 为热流量；λ 为比例系数，称为导热系数 $[\mathrm{W \cdot m^{-1} \cdot K^{-1}}]$。式中的负号表示热流方向和温度梯度的方向相反。

2. 稳态法测定导热系数

稳态法是一种应用一维稳态导热过程的基本原理来测定材料导热系数的方法，可以用来进行导热系数的测定试验，测定材料的导热系数与温度的关系。实验设备是根据在一维稳态情况下通过平板的导热量 Q 与平板两面的温度差 ΔT、平板的厚度 h 以及导热系数分别成正比的关系来设计的。如图 2-85 所示，将厚度为 h 的样品插入两个平板间，在其垂直方向通入一个恒定的单向的热流。当加热盘和散热盘的温度稳定后，测得样品盘厚度 h、样品上下表面的温度并计算出通过样品的热流（由于 A、P 盘都是良导体，其温度即可以代表 B 盘上、下表面的温度 T_1、T_2），根据傅里叶

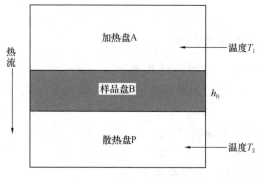

图 2-85　导热系数实验装置示意图

定律即可确定样品的导热系数。在温度梯度和几何形状固定（稳态）的情况下，导热系数代表了需要多少能量才能维持该温度梯度。

加热黄铜盘 A 的温度为 T_1，位于样品下面的散热黄铜盘 P 的温度为 T_2，即样品中的热量通过下表面向散热盘散发。样品上下表面温度可认为是均匀分布的，在 h 不太大的情况下可忽略样品侧面散热的影响，则为

$$\frac{\Delta Q}{\Delta t} = \lambda \cdot S \cdot \frac{T_1 - T_2}{h}$$

式中，S 为样品单个底面面积。当 T_1、T_2 稳定时，传热也达到稳定，形成了一个动态平衡，即通过待测样品的传热率和黄铜盘向下侧面和下面的散热速率相同。

$$\frac{\Delta Q}{\Delta t} = \left.\frac{\Delta q}{\Delta t}\right|_{T=T_2}$$

式中，$\dfrac{\Delta Q}{\Delta t}$ 是稳态时样品的传热速率；$\dfrac{\Delta q}{\Delta t}$ 为散热盘 P 在稳态时的散热速率。那么可表示为：

$$\left.\frac{\Delta q}{\Delta t}\right|_{T=T_2} = \lambda S \frac{T_1 - T_2}{h}$$

当测出稳态时样品上下表面（即加热盘 A 和散热盘 P）的温度 T_1、T_2 后，拿走样

品，让加热盘下表面直接与散热盘上表面接触，加热散热盘，使其温度上升到高于 T_2 若干摄氏度后再拿去加热盘，让散热盘自然冷却，直接向周围散热。黄铜盘的散热速率与其冷却速率的关系为：

$$\frac{\Delta q}{\Delta t}\bigg|_{T=T_2} = m \cdot c \cdot \frac{\Delta T}{\Delta t}\bigg|_{T=T_2}$$

在样品传热过程中，只考虑其上下表面和侧面散热。但在测定冷却速率 $\frac{\Delta T}{\Delta t}$ 时，散热盘的上下表面和侧面都参与散热，由于物体的冷却速率与它的表面积成正比关系，修正式有：

$$\frac{\Delta q}{\Delta t}\bigg|_{T=T_2} = m \cdot c \cdot \frac{\Delta T}{\Delta t} \cdot \frac{(\pi R_p^2 + 2\pi R_p h_p)}{(2\pi R_p^2 + 2\pi R_p h_p)} = m \cdot c \cdot \frac{\Delta T}{\Delta t} \cdot \left(\frac{R_p + 2 h_p}{2 R_p + 2 h_p}\right)$$

$$\lambda = m \cdot c \cdot \frac{\Delta T}{\Delta t} \cdot \left(\frac{R_p + 2h_p}{2R_p + 2h_p}\right)\left(\frac{h_B}{T_1 - T_2}\right)\left(\frac{1}{\pi R_B^2}\right)$$

三、实验仪器

实验采用 TC-3A 型导热系数测定仪如图 2-86 所示。该仪器采用低于 36V 的隔离电压作为加热电源，安全可靠。整个加热圆筒可上下升降和左右转动，发热圆盘和散热圆盘的侧面有一小孔，为放置温度传感器之用。散热盘 P 放在可以调节的三个螺杆头上，可使待测样品盘的上下两个表面与发热圆盘和散热圆盘紧密接触。散热盘 P 下方有一个轴流式风扇，在需要时用来快速散热。温度传感器（PT100）分别插入发热圆盘和散热圆盘的侧面小孔内。在插入时，先涂少量的硅脂，温度传感器（PT100）的两个接线端分别插在仪器面板上的相应插座内。利用面板上的开关可方便地直接测出两个温度传感器（PT100），采用数字表测量。

仪器设置了数字计时装置，计时范围 166min，分辩率 0.1s，供实验时计时用。仪器

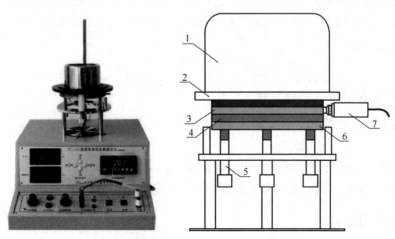

图 2-86　TC-3A 型导热系数测定仪

1—防护罩；2—加热部件总成；3—加热圆铜盘（A）；4—待测样品（B）；

5—调节螺杆；6—散热圆铜盘（P）；7—温度传感器（PT100）

还设置了 PID 自动温度控制装置，控制精度±1℃，分辨率 0.1℃，供实验时控制加热温度用。

四、实验内容

在测量导热系数前应先对散热盘 P 和待测样品的直径、厚度进行测量。

1. 用游标卡尺测量待测样品（热的不良导体）直径和厚度，各测 5 次。

2. 用游标卡尺测量散热盘 P 的直径和厚度，测 5 次，按平均值计算 P 盘的质量。也可直接用天平称出 P 盘的质量。

3. 实验时，先将待测样品（例如硅橡胶圆片）放在散热盘 P 上面，然后将发热盘 A 放在待测样品盘 B 上方，并用固定螺母固定在机架上，再调节三个螺旋头，使样品盘的上下两个表面与发热盘和散热盘紧密接触。

4. 将两个温度传感器（PT100）分别插入加热盘 A 和散热盘 P 侧面的小孔中，并分别连接到仪器面板的传感器Ⅰ、Ⅱ上。"信号通道"开关（置Ⅰ或Ⅱ）对应指示灯亮，显示屏显示对应传感器测量值。用专用导线将仪器机箱后部插座与加热组件圆铝板上的插座加以连接。

5. 接通电源，在"温度控制"仪表上设置加温的上限温度。将加热控制开关可选择"自动""手动"和"停"；"自动"档由 PID 自动温度控制装置控制加热，可设置温度，"手动"挡由实验者控制加热，可设置报警温度，超报警温度 1℃就以声光报警提醒。置"停"挡停止加热。

6. 大约加热 40min 后，传感器Ⅰ、Ⅱ的读数不再上升时，说明已达到稳态，每隔 5min 记录 T_1 和 T_2 的值。计时可由"计时（启停）"和"复位"按钮控制。

7. 在实验中，如果需要，可外接温度传感器来测量温度。

8. 测量散热盘在稳态值 T_2 附近的散热速率 $\left(\dfrac{\Delta Q}{\Delta t}\right)$。移开铜盘 A，取下橡胶盘，并使铜盘 A 的底面与铜盘 P 直接接触，当 P 盘的温度上升到高于稳定态的 T_2 值若干度后，再将铜盘 A 移开，让铜盘 P 自然冷却，每隔 30s（或自定）记录此时的 T_2 值。根据测量值计算出散热速率 $\dfrac{\Delta Q}{\Delta t}$。

五、注意事项

1. 放置温度传感器的发热圆盘和散热圆盘侧面的小孔应在同一侧，避免温度传感器线相互交叉。

2. 实验中，抽出被测样品时，应先旋松加热圆筒侧面的固定螺钉。样品取出后，小心将加热圆筒降下，使发热盘与散热盘接触，注意防止高温烫伤。

六、数据与结果

1. 实验数据记录［铜的比热 $C=0.09197\text{cal}/(\text{g}^{-1} \cdot ℃^{-1})$，密度 $\rho=8.9\text{g/cm}^3$］

散热盘 P：质量 $m=$＿＿ g，半径 $R_\text{p}=\dfrac{1}{2}D_\text{P}=$＿＿ cm（表 2-23）。

表 2-23　实验数据记录 1

测量次数	1	2	3	4	5
D_P (cm)					
h_P (cm)					

橡胶盘：半径 $R_B = \dfrac{1}{2} D_B =$ ＿＿ cm（表 2-24）。

表 2-24　实验数据记录 2

测量次数	1	2	3	4	5
D_B (cm)					
h_B (cm)					

稳态时 T_1、T_2 的值（表 2-25）。

表 2-25　实验数据记录 3

测量次数	1	2	3	4	5
T_1					
T_2					

散热速率：每间隔 30s 测一次（表 2-26）。

表 2-26　实验数据记录 4

时间（s）	30	60	90	120	150	180	210	240
T_3								

2. 根据实验结果，计算出不良导热体的导热系数。导热系数单位换算：$1\text{cal} \cdot \text{s}^{-1} \cdot \text{cm}^{-1} \cdot (℃)^{-1} = 418.68\text{W/m} \cdot \text{K}$，并求出相对误差。

七、思考题

1. 实验过程中的主要误差来源是什么？如何避免？
2. 在数据处理过程中，采用和不采用修正式所计算出的导热系数的相对误差是多少？

实验 22　冷却法测量金属的比热容

一、实验目的

1. 通过实验了解金属的冷却速率和金属与环境之间温差关系及用冷却法进行金属的比热容测量的实验条件。
2. 测定铜、铁、铝的比热容。

二、实验原理

根据牛顿冷却定律，用冷却法测定金属的比热容是量热学常用方法之一。若已知标准样品在不同温度的比热容，通过作冷却曲线可测量各种金属在不同温度时的比热容。本实验以铜为标准样品，测定铁、铝样品在100℃或200℃时的比热容。通过实验了解金属的冷却速率和金属与环境之间的温差关系以及进行测量的实验条件。单位质量的物质，其温度每升高1K（1℃）所需的热量叫作该物质的比热容，其值随温度而变化。将质量为M_1的金属样品加热后，放在较低温度的介质（例如室温的空气）中，样品将会逐渐冷却。其单位时间的热量损失$\frac{\Delta Q}{\Delta t}$与温度下降的速率成正比，得到下述关系式：

$$\frac{\Delta Q}{\Delta t} = C_1 \cdot M_1 \cdot \frac{\Delta \theta_1}{\Delta t}$$

式中，C_1为该金属样品在温度θ_1时的比热容，$\frac{\Delta \theta_1}{\Delta t}$为金属样品在$\theta_1$的温度下降速率，根据冷却定律有：

$$\frac{\Delta Q}{\Delta t} = a_1 \cdot s_1 \cdot (\theta_1 - \theta_0) \cdot m$$

式中，a_1为热交换系数，s_1为该样品外表面的面积，m为常数，θ_1为金属样品的温度，θ_0为周围介质的温度。进而可得：

$$C_1 \cdot M_1 \cdot \frac{\Delta \theta_1}{\Delta t} = a_1 \cdot s_1 \cdot (\theta_1 - \theta_0) \cdot m$$

同理，对质量为M_2，比热容为C_2的另一种金属样品，可有同样的表达式：

$$C_2 \cdot M_2 \cdot \frac{\Delta \theta_2}{\Delta t} = a_2 \cdot s_2 \cdot (\theta_2 - \theta_0) \cdot m$$

由上式可得：

$$\frac{C_2 \cdot M_2 \cdot \frac{\Delta \theta_2}{\Delta t}}{C_1 \cdot M_1 \cdot \frac{\Delta \theta_1}{\Delta t}} = \frac{a_2 \cdot s_2 \cdot (\theta_2 - \theta_0) \cdot m}{a_1 \cdot s_1 \cdot (\theta_1 - \theta_0) \cdot m}$$

$$C_2 = C_1 \cdot \frac{M_1 \cdot \frac{\Delta \theta_1}{\Delta t} \cdot a_2 \cdot s_2 \cdot (\theta_2 - \theta_0) \cdot m}{M_2 \cdot \frac{\Delta \theta_2}{\Delta t} \cdot a_1 \cdot s_1 \cdot (\theta_1 - \theta_0) \cdot m}$$

如果两样品的形状尺寸都相同，即$s_1 = s_2$；两样品的表面状况也相同（如涂层、色泽等），而周围介质（空气）的性质当然也不变，则有$a_1 = a_2$。于是当周围介质温度不变（即室温θ_0恒定而样品又处于相同温度$\theta_1 - \theta_2 = 0$）时，可以简化为：

$$C_2 = C_1 \cdot \frac{M_1 \cdot \left(\frac{\Delta \theta}{\Delta t}\right)_1}{M_2 \cdot \left(\frac{\Delta \theta}{\Delta t}\right)_2}$$

如果已知标准金属样品的比热容C_1，质量M_1；待测样品的质量M_2及两样品在温度

θ时冷却速率之比，就可以求出待测的金属材料的比热容C_2。几种金属材料的比热容如表2-27所示。

表 2-27 金属材料的比热容

温度(℃)	比热容		
	$C_{Fe}[cal/(g \cdot ℃)]$	$C_{Al}[cal/(g \cdot ℃)]$	$C_{Cu}[cal/(g \cdot ℃)]$
100	0.110	0.0940	0.0940

三、实验仪器

FB312型冷却法金属比热容测量仪，由测试仪与测试架组成（图2-87）。

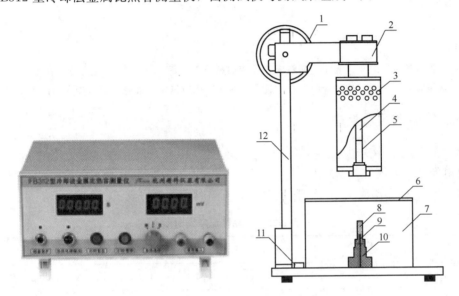

图 2-87　FB312型冷却法金属比热容测量仪

1—升降调节手轮；2—接线盒；3—防护罩；4—加热元件；5—铜管；6—容器盖；7—防风容器；
8—待测金属棒；9—热电偶；10—基座；11—热电偶信号输出插座；12—升降齿杆

四、实验内容

1. 用铜-康铜热电偶测量温度，而热电偶的热电势采用温漂极小的放大器和三位半数字电压表，经信号放大后输入数字电压表，显示的满量程为20mV，读出的电压数通过查表即可方便地换算成温度值。

2. 选取长度、直径、表面光洁度尽可能相同的三种金属样品（铜、铁、铝）用物理天平或电子天平称出它们的质量M_0。再根据$M_{Cu} > M_{Fe} > M_{Al}$这一特点，把它们区分开来。

3. "热电偶信号输出插座"与测试仪表的"信号输入"端用专用导线连接，热电偶冷端插入装有冰水混合物的容器中，测试仪表的"加热电源输出""超温指示"与接线盒上的两插座用专用导线连接。

4. 在基座上插入待测样品（样品的中心孔应插入热电偶），然后转动升降调节手轮使整个加热装置下降并使铜管套入待测样品。

5. 开启测试仪电源，将"加热选择"开关置于Ⅱ档，开始加热，并观察电压表的变化值，如电压值为4.927mV时，表示其加热温度已达到120℃，然后将"加热选择"开关置于"断"档，转动升降调节手轮使整个加热装置上升，让待测样品在防风容器内自然冷却（一般容器不宜加盖，有利于保证不同样品降温时散热条件基本一致，避免引起附加测量误差。但若实验室内因电风扇造成空气流速过快，则应加上容器盖子，防止空气对流造成散热时间的改变）。例如，当温度降到接近102℃时开始按下"计时"按钮，记录测量样品从102℃下降到98℃所需要时间 Δt_0。一般可按铁、铜、铝的次序，分别测量其温度下降速度，每一样品得重复测量5次。因为各样品的温度下降范围相同（$\Delta\theta = 102℃ - 98℃ = 4℃$），所以可得：

$$C_2 = C_1 \cdot \frac{M_1 \cdot (\Delta t)_2}{M_2 \cdot (\Delta t)_1}$$

注意：

(1) 仪器红色指示灯亮，表示连接线未连好或加热温度过高（>200℃），已自动保护。

(2) 测量降温时间时，按"计时"或"暂停"按钮动作应迅速、准确，以减少人为计时误差。

五、实验数据及处理

$M_{Cu} = $ ____ g，$M_{Fe} = $ ____ g，$M_{Al} = $ ____ g

热电偶冷端温度：____ ℃

表2-28为样品温度从102℃下降到98℃所需时间（单位为s）。

表2-28 样品降温所需时间

样品	次数					
	1	2	3	4	5	平均值 Δt
Fe						
Cu						
Al						

以铜为标准：$C_1 = C_{Cu} = 0.0940 \text{cal}/(g \cdot ℃)$，计算铁和铝材料100℃的比热容。

六、思考题

1. 实验过程中的主要误差来源是什么？如何避免？

2. 计算所得到Al、Fe的比热容与标准值间的相对误差是多少？

七、附录：本实验使用的铜-康铜热电偶分度表

由于配方和工艺的不同，实际使用的铜-康铜热电偶在100℃温度时（自由端温度为0℃），输出的温差电动势一般为4.0～4.3mV（例如国标铜-康铜有一种规格为4.277mV）。本仪器使用的热电偶在100℃温度时，输出的温差电动势为4.072mV。实验时可参考表2-29数据测量温度，也可自行测量进行定标。

表 2-29 参考数据测量温度

温度（℃）	0	1	2	3	4	5	6	7	8	9
0	0	0.038	0.076	0.114	0.152	0.190	0.228	0.266	0.304	0.342
10	0.380	0.419	0.458	0.497	0.536	0.575	0.614	0.654	0.693	0.732
20	0.772	0.811	0.850	0.889	0.929	0.969	1.008	1.048	1.088	1.128
30	1.169	1.209	1.249	1.289	1.330	1.371	1.411	1.451	1.492	1.532
40	1.573	1.614	1.655	1.696	1.737	1.778	1.819	1.860	1.901	1.942
50	1.983	2.025	2.066	2.108	2.149	2.191	2.232	2.274	2.315	2.356
60	2.398	2.440	2.482	2.524	2.565	2.607	2.649	2.691	2.733	2.775
70	2.816	2.858	2.900	2.941	2.983	3.025	3.066	3.108	3.150	3.191
80	3.233	3.275	3.316	3.358	3.400	3.442	3.484	3.526	3.568	3.610
90	3.652	3.694	3.736	3.778	3.820	3.862	3.904	3.946	3.988	4.030
100	4.072	4.115	4.157	4.199	4.242	4.285	4.328	4.371	4.413	4.456
110	4.499	4.543	4.587	4.631	4.674	4.707	4.751	4.795	4.839	4.883
120	4.927	—	—	—	—	—	—	—	—	—

实验 23　磁阻效应实验

一、实验目的

1. 了解磁阻现象与霍尔效应的关系与区别。

2. 了解并掌握 FB512 型磁阻效应实验仪的工作原理与使用方法。

3. 了解电磁铁励磁电流和磁感应强度的关系及气隙中磁场分布特性。

4. 测定磁感应强度和磁阻元件电阻大小的对应关系，研究磁感应强度与磁阻变化的函数关系。

二、实验原理

在一定条件下，导电材料的电阻值 R 随磁感应强度 B 的变化规律称为磁阻效应。在该情况下半导体内的载流子在洛仑兹力的作用下，发生偏转，在两端产生积聚电荷并产生霍尔电场。如霍尔电场作用和某一速度的载流子的洛仑兹力作用刚好抵消，那么小于或大于该速度的载流子将发生偏转。因而沿外加电场方向运动的载流子数目将减少，电阻增大，表现出横向磁阻效应。如果将图 2-88 中 A、B 端短接，霍尔电场将不存在，所有电子将向 A 端偏转，也表现出磁阻效应。

通常以电阻率的相对改变量来表示磁阻

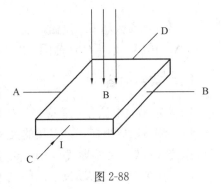

图 2-88

$\Delta\rho/\rho(0)$，为零磁场时的电阻率，$\Delta\rho = \rho(B) - \rho(0)$，而 $\Delta R/R(0)$ 正比于 $\Delta\rho/\rho(0)$，其中 $\Delta R = R(B) - R(0)$。

通过理论计算和实验都证明了磁场较弱时，一般磁阻器件的 $\Delta R/R(0)$ 正比于 B 的两次方，而在强磁场中 $\Delta R/R(0)$ 则为 B 的一次函数。

当半导体材料处于弱交流磁场中，因为 $\Delta R/R(0)$ 正比于 B 的二次方，所以 R 也随时间周期变化，$\Delta R/R(0) = kB^2$。

假设电流恒定为 I_0，令 $B = B_0\cos\omega t$（其中 k 为常量），于是有：

$$R(B) = R(0) + \Delta R = R(0) + R(0)\frac{\Delta R}{R(0)} = R(0) + R(0)kB_0^2\cos^2\omega t$$

$$= R(0) + \frac{1}{2}R(0)kB_0^2 + \frac{1}{2}R(0)kB_0^2\cos2\omega t$$

$$V(B) = I_0R(B) = I_0\left[R(0) + \frac{1}{2}R(0)kB_0^2\right] + \frac{1}{2}I_0R(0)kB_0^2\cos^2\omega t$$

$$= V(0) + \tilde{V}\cos^2\omega t$$

由此可知磁阻上的分压为 B 振荡频率两倍的交流电压和一直流电压的叠加。

三、实验仪器

FB512 型磁阻效应实验仪由测试仪和实验仪二部分组成。图 2-89 为 FB512 型磁阻效应实验仪实体图。

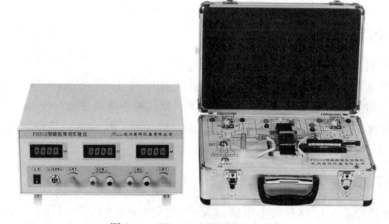

图 2-89 FB512 型磁阻效应实验仪

主要技术参数如下，励磁电流：0～1000mA 连续可调；霍尔、磁阻传感器工作电流 0～5mA；传感器水平位移范围 ±20mm。

四、实验内容

1. 测定励磁电流和磁感应强度的关系

（1）测量励磁电流 I_M 与 U_M 的关系（测量电磁铁的磁化曲线）。按图 2-90 接线，把各相应连接线接好（7 根导线），闭合电源开关。$I_M = 500\text{mA}$，$U_M = 177\text{mV}$。

（2）安装在一维移动尺上的印刷电路板（焊接传感器用），左侧的传感器为霍尔传感

126

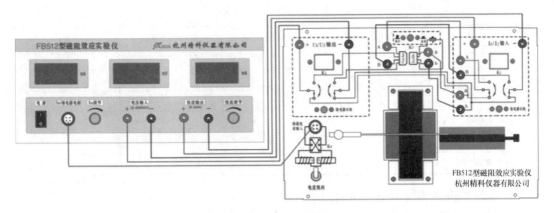

图 2-90　接线图

器砷化镓（GaAs），右侧为锑化铟（InSb）磁阻传感器。往左方向调节一维移动尺，使霍尔传感器在电磁铁气隙最外边，离气隙中心 20mm 左右。

（3）调节霍尔工作电流 I_H=5.00mA（可设计不同电流），预热 5min 后，测量霍尔传感器的不等位电压 $U_0 \approx 1.8$mV。然后往右调节一维移动尺，使霍尔传感器位置处于电磁铁气隙中心位置（即一维移动尺下面的"0"位指示线对准一维移动尺上面的"0"位再往左 2mm 位置），实验仪面板上继电器控制开关 K_1 和 K_2 均按下。分别调节励磁电流为 0mA、100mA、200mA、300mA、400mA……1000mA。记录对应数据并绘制电磁铁磁化曲线。

2. 测量电磁铁气隙磁场沿水平方向的分布

调节励磁电流 I_M=500mA、I_H=5.00mA，测量霍尔输出电压 U_H 与水平位置 X 的关系。

3. 测量磁感应强度和磁阻变化的关系

（1）调节磁阻传感器位置，使传感器位于电磁铁气隙中心位置，把励磁电流先调节为 0，释放 K_1、K_2，按下 K_3，K_4 打向上方。在无磁场的情况下，调节磁阻工作电流 I_2，使仪器数字式毫伏表显示电压 U_2=800mV，记录此时的 I_2 数值，此时按下 K_1、K_2，记录霍尔输出电压 U_H，改变 K_4 方向再测一次 U_H，记录数据。各开关恢复原状。

（2）按上述步骤，逐步增加励磁电流，改变 I_2，在基本保持 U_2=800mV 不变的情况下，重复以上过程，把一组组数据分别记录到表 2-30。

五、数据与结果

1. 测定励磁电流和磁感应强度的关系

表 2-30　电磁铁磁化曲线数据

I_M(mA)	U_{H1}(mV) 正向	U_{H1}(mV) 反向	U_{H1}(mV) 平均	B(mT)
0				
100				
200				
300				
400				

I_M(mA)	U_{H1}(mV) 正向	U_{H1}(mV) 反向	U_{H1}(mV) 平均	B(mT)
500				
600				
700				
800				
900				
1000				

根据表 2-30 数据作 B-I_M 关系曲线。

2. 测定电磁铁气隙沿水平方向的磁场分布（表 2-31）

表 2-31　电磁铁气隙沿水平方向的磁场分布数据

X(mm)	U_m(mV) 正	U_m(mV) 反	U_m(mV) 平均	B(mT)
−20				
−18				
−16				
−14				
−12				
−10				
−8				
−6				
−4				
−2				
0				
2				
4				
6				
8				
10				
12				
14				
16				
18				
20				

根据表 2-32 数据作 B-X 关系曲线。

3. 测量磁感应强度和磁阻变化的关系（表 2-32）

表 2-32　测量磁感应强度和磁阻变化的关系

I_M (mA)	GaAs		InSb		$B\text{-}\Delta R/R$ (0)		
	U_1 (mV) 正、反平均	I_1 (mA)	U_2 (mV)	I_2 (mA)	B (T)	R (Ω)	$\Delta R/R(0)$
0							
30							
…							
…							
…							
…							
…							
1000							

（1）根据表 2-32 数据作 $B\text{-}\Delta R/R$（0）关系曲线。

（2）观察并分析曲线中描述变量间的函数关系，分段研究非线性与线性区域的函数关系，用最小二乘法求出变量间的相关系数及函数表达式。

（3）写出实验结论。

六、思考题

1. 实验过程中的主要误差来源是什么？如何避免？

2. 在测试过程中，U_{H1} 正向和反向的绝对值不等，为什么？

七、附录：实验数据与数据处理范例(本实验用电子表格计算与作图，供参考)

1. 测定励磁电流和磁感应强度的关系

如果励磁电流 $I_M = 0$ 时，霍尔输出电压有所增加，表明电磁铁有剩磁存在（表 2-33）。

表 2-33　电磁铁磁化曲线数据

I_M(mA)	U_{H1}(mV) 正向	U_{H1}(mV) 反向	U_{H1}(mV) 平均	B(mT)
0	1.8	1.8	1.8	2.0
100	52.6	47.5	50.05	56.6
200	102.7	96.8	99.75	112.7
300	152.5	147.1	149.8	169.3
400	204.0	198.2	201.1	227.2
500	263.6	257.8	260.7	294.6
600	316.8	309.5	313.15	353.8
700	367.6	362.0	364.8	412.2
800	418.8	413.0	415.9	469.9
900	467.6	461.8	464.7	525.1
1000	514.8	508.9	511.85	578.4

2. 测量电磁铁气隙磁场沿水平方向的分布（表 2-34）

调节励磁电流 $I_M = 500\text{mA}$、$I_H = 5.00\text{mA}$，测量霍尔输出电压 U_H 与水平位置 X 的关系。

表 2-34　电磁铁气隙沿水平方向的磁场分布数据表格

X(mm)	U_m(mV) 正	U_m(mV) 反	U_m(mV) 平均	B(mT)
−16	242.8	235.3	239.1	270.1
−14	261.3	255.2	258.3	291.8
−12	263.0	256.6	259.8	293.6
−10	263.4	257.0	260.2	294.0
−8	263.9	257.4	260.7	294.5
−6	263.9	257.6	260.8	294.6
−4	264.5	257.9	261.2	295.1
−2	264.5	258.2	261.4	295.3
0	268.1	258.2	263.2	297.3
2	265.0	259.0	262.0	296.0
4	265.3	259.3	262.3	296.4
6	265.4	258.7	262.1	296.1
8	264.9	258.7	261.8	295.8
10	265.1	258.9	262.0	296.0
12	265.3	258.8	262.1	296.1
14	265.4	259.1	262.3	296.3
16	250.1	243.7	246.9	279.0

作电磁铁气隙磁场沿水平方向的分布 B-X 图。

3. 测量磁感应强度和磁阻变化的关系

按实验装置面板所示连线，砷化镓霍尔元件灵敏度 $K_H = 177\text{mV/(mAT)}$，因其不等位电势较小，一般可以忽略。当继电器控制开关 K_1、K_2 按下时，测量砷化镓霍尔元件的输出电压 U_1 和输入电流 I_1；当开关 K_1、K_2 释放时，测量磁阻元件输入电流端的电压 U_2 和输入电流 I_2。

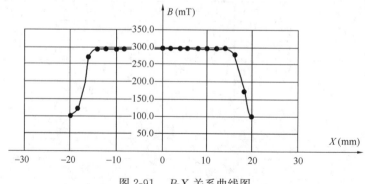

图 2-91　B-X 关系曲线图

八、参考文献

[1]　吕斯骅，段家忯．基础物理实验[M]．北京：北京大学出版社，2002．
[2]　赵青生．新编大学物理实验[M]．合肥：安徽大学出版社，2009．

实验 24　巨磁阻效应实验

一、实验目的

1. 了解巨磁阻效应的原理及应用。
2. 掌握巨磁阻传感器的原理和应用。

二、实验原理

1. 巨磁电阻（GMR）原理

巨磁电阻（GMR）效应来自载流电子的不同自旋状态与磁场的作用不同，因而导致的电阻值的变化，见图 2-92。这种效应只有在纳米尺度的薄膜结构中才能观测出来。赋以特殊的结构设计这种效应还可以调整以适应各种不同的性能需要。

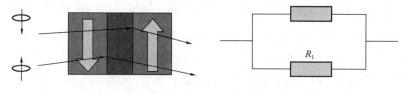

反铁磁耦合时（外加磁场为O）处于高阻态的导电输运特性，
电阻：$R \frac{1}{2}$

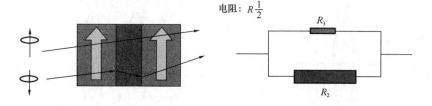

外加磁场使该磁性多层薄膜处于饱和状态时（相邻磁性层磁矩平行分布，而电阻处于低阻态的导电输运特性，电阻：$R_2 \times R_3/(R_2+R_3)$, $R_2 > R_1 > R_3$）

图 2-92　利用两流模型来解释 GMR 的机制

2. 巨磁电阻（GMR）传感器原理

巨磁电阻（GMR）传感器将四个巨磁电阻（GMR）构成惠斯登电桥结构（图 2-93），该结构可以减少外界环境对传感器输出稳定性的影响，增加传感器灵敏度。工作时图中"电流输入端"接 5～15V 的稳压电压，"输出端"在外磁场作用下输出电压信号。

巨磁电阻（GMR）传感器的输出：

$$U_{输出} = U_{out+} - U_{out-} = V_+ \cdot R_1/(R_1 + R_2) - V_+ \cdot R_2/(R_1 + R_2)$$

若 $R_1 = R_2$，在无加场强时，$U_{输出} = U_{out+} - U_{out-} = 0$

当存在外场强时，$U_{输出} = U_{out+} - U_{out-} = V_+ \cdot (R_1 - R_2)/(R_1 + R_2)$。

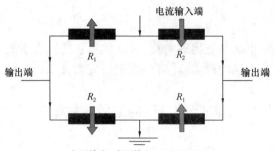

电压输出=电压输入×$(R_1-R_2)/(R_1+R_2)$

图 2-93　惠斯凳电桥在磁场传感器应用中的原理

3. 亥姆霍兹线圈的磁场

（1）载流圆线圈磁场

根据毕奥-萨伐尔定律，载流线圈在轴线（通过圆心并与线圈平面垂直的直线上某点）的磁应强度为：

$$B = \frac{\mu_o R^2}{2(R^2+x^2)^{3/2}}NI$$

式中，I 为通过线圈的励磁电流强度，N 为线圈的匝数，R 为线圈平均半径，x 为圆心到该点的距离，μ_o 为真空磁导率。因此，圆心处的磁感应强度 B_o 为 $B_o = \frac{\mu_o}{2R}NI$

轴线外的磁场分布计算公式较复杂，这里简略。

亥姆霍兹线圈是一对匝数和半径相同的共轴平行放置的圆线圈，两线圈间的距离 d 正好等于圆形线圈的半径 R。这种线圈的特点是能在其公共轴线中点附近产生较广的均匀磁场区，故在生产和科研中有较大的实用价值，其磁场合成示意图如图 2-94 所示。

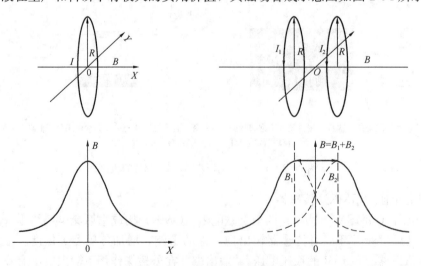

图 2-94　亥姆霍兹线圈磁场分布图

根据霍尔效应：探测头置于磁场中，运动的电荷受洛仑兹力作用，运动方向发生偏转。在偏向的一侧会有电荷积累，这样两侧就形成电势差。通过测电势差就可知道其磁场的大小。

当两通电线圈的通电电流方向一样时，线圈内部形成的磁场方向也一致，这样两线圈之间的部分就形成均匀磁场。当探头在磁场内运动时，其测量的数值几乎不变。当两通电线圈电流方向不同时在两线圈中心的磁场应为 0。

设 Z 为亥姆霍兹线圈中轴线上某点离中心点 O 处的距离，则亥姆霍兹线圈轴线上任一点的磁感应强度为：

$$B' = \frac{1}{2}\mu_0 NI R^2 \left\{ \left[R^2 + \left(\frac{R}{2} + Z \right)^2 \right]^{-3/2} + \left[R^2 + \left(\frac{R}{2} - Z \right)^2 \right]^{-3/2} \right\}$$

而在亥姆霍兹线圈轴线上中心 O 处磁感应强度 B_0 为：

$$B'_0 = \frac{\mu_0 NI}{R} \times \frac{8}{5^{3/2}}$$

在 $I = 0.5\text{A}$、$N = 500$、$R = 0.11\text{m}$ 的实验条件下，单个线圈圆心处的磁场强度为：

$$B'_0 = \frac{\mu_0 NI}{R} = 4\pi \times 10^{-7} \times 500 \times 0.5/(2 \times 0.110) = 1.43(\text{mT})$$

当两圆线圈间的距离 d 正好等于圆形线圈的半径 R，组成亥姆霍兹线圈时，轴线上中心 O 处磁感应强度 B_0 为：$B'_0 = \frac{\mu_0 NI}{R} \times \frac{8}{5^{3/2}} = \frac{4\pi \times 10^{-7} \times 500 \times 0.5}{0.110} \times \frac{8}{5^{3/2}} = 2.05(\text{mT})$

当两圆线圈间的距离 d 不等于圆形线圈的半径 R 时，轴线上中心 O 处磁感应强度 B_0，在 $d = 1/2R$、R、$2R$ 时，相应的曲线见图 2-95。

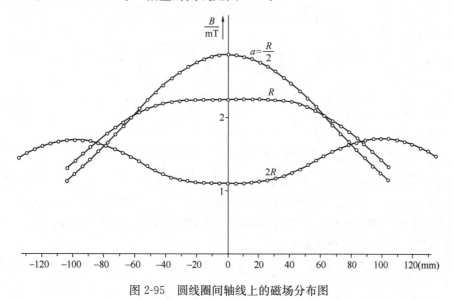

图 2-95　圆线圈间轴线上的磁场分布图

一半径为 R，通以电流 I 的圆线圈，轴线上磁场 $B = \frac{\mu_0 N_0 I R^2}{2(R^2 + x^2)^{3/2}}$

式中，N_0 为圆线圈的匝数，X 为轴上某一点到圆心 O 的距离。$\mu_0 = 4\pi \times 10^{-7} \text{H/m}$，本实验取 $N_0 = 500$ 匝，$I = 500\text{mA}$，$R = 110\text{mm}$，圆心 O 处 $x = 0$，可算得圆电流线圈磁感应强度 $B = 1.43\text{mT}$（注：$1\text{mT} = 10\text{Gs}$）。

（2）亥姆霍兹线圈

所谓亥姆霍兹线圈为两个相同线圈彼此平行且共轴，线圈通以同方向电流 I，如图 2-94 所示。理论计算证明：线圈间距 a 等于线圈半径 R 时，两线圈合磁场在轴上（两线圈圆心连线）$-a/2 \sim a/2$ 范围内是比较均匀的，这时的亥姆霍兹线圈磁感应强度计算公式为 $B = \dfrac{\mu_0 \, N_0 I}{R} \times \dfrac{8}{5^{3/2}}$ 实验取 $N_0 = 500$ 匝，$I = 500\mathrm{mA}$，$R = 110\mathrm{mm}$，圆心 O 处 $x = 0$，可算得圆电流线圈磁感应强度 2.05mT（注：1mT＝10Gs）。实验仪器的亥姆霍兹线圈红色接线柱是接的内铜导线，黑色接线柱是外铜导线，可用右手法则判别磁场方向。

三、实验内容及步骤

1. 实验内容

（1）了解巨磁阻效应原理，掌握巨磁阻传感器原理及其特性。

（2）学习巨磁阻传感器的定标方法，用巨磁阻传感器测量弱磁场。

（3）测量巨磁阻传感器敏感轴与被测磁场间夹角和传感器灵敏度的关系。

（4）测量巨磁阻传感器的灵敏度与工作电压的关系。

2. 巨磁阻效应传感器原理

本实验采用的巨磁阻效应传感器有 4 组巨磁敏电阻 MR1、MR2、MR3、MR4，如图 2-96 所示。

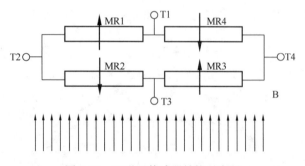

图 2-96　巨磁阻传感器结构示意图

B 为磁场敏感方向，当 B 向的磁场在一定范围内增加变化时，巨磁敏电阻 MR1、MR3 的阻值会变大，MR2、MR4 的阻值会变小。在 T1、T3 端加一稳定电压 V_{CC}，有一微弱磁场作用于 MR1、MR2、MR3、MR4 时，在 T2、T4 端会出现电压信号。

3. 巨磁阻传感器定标及测量磁场

（1）传感器的工作电压范围：5～15V，典型值是 5V。注意工作电压值不要超过 16.5V。

（2）传感器灵敏度计算公式：灵敏度 $\delta =$ 电压变化量 $(\Delta V)/(G_s \times$ 工作电压 $) \times 100\%$。其中电压变化量（ΔV）为巨磁阻传感器的输出电压值的变化量；G_s 为磁场单位高斯；工作电压为 V_{CC}，传感器的工作电压值。

（3）首先，将所有的旋钮按照面板上的方向标识，调到最小位置。按照面板标识连接所有的信号线。检查无误后，再开电源。

其中 V_{CC} 为巨磁阻传感器的工作电压，V_i 为巨磁阻传感器的输出电压。

（4）正向磁场

① 按照图 2-97 连接亥姆霍兹线圈的接线柱。将可移动线圈 2 固定在 10（R）处。

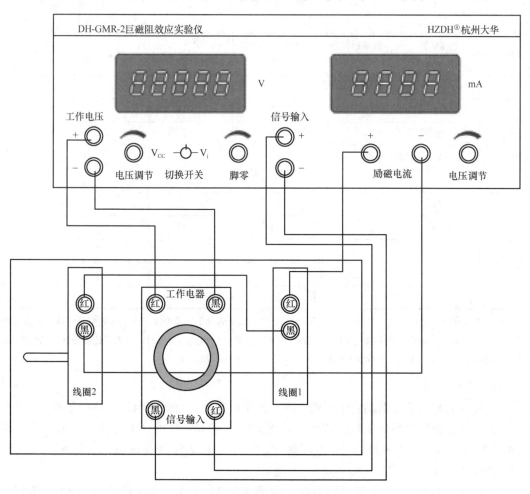

图 2-97　实验接线示意图

② 将传感器转盘的角度刻度转到"0"刻度上。将显示切换开关打到"V_{CC}"端，调节电压调节旋钮，使传感器的工作电压调到 5V，将励磁电流调到 500mA。静置 3min 后，"励磁电流"调节到 0mA。

（在零磁场时，由于传感器的特性，它的 4 个电阻并不是两两相等，所以信号输出端产生不等电势。由于磁敏电阻存在磁滞效应，如果在测量前没有将传感器的磁敏电阻单方向的磁化，它的零磁场电势会随着磁场的变化，而产生漂移，但是漂到一定值会饱和。此时在零磁场调零，在单方向磁场测量，零磁零电势不会再漂移。）

③ 将显示切换开关打到"Vi"端，传感器输出调零（"输入信号"调零），按照表 2-35 参数，调节励磁电流，计算亥姆霍兹线圈磁感应强度 B，记录传感器电压输出值，计算 ΔU，$\Delta U = U_2 - U_1$。

每次改变巨磁阻工作电压后，传感器输出要重新调零。如先将工作电压调到 5V，励磁电流调节到 0mA，输入信号调零。

计算灵敏度 δ_i 及去除误差过大的数据，求平均灵敏度 $\bar{\sigma}$，分析其产生的原因。

表 2-35　参数表

工作电压＝＿＿＿ V

序号	励磁电流（mA）	线圈磁强度 B	传感器输出电压 U_i	ΔU	δ_i	$\bar{\delta}$
0	0		U_0			
1	10		U_1	U_1-U_0		
2	20		U_2	U_2-U_1		
3	30		U_3	U_3-U_2		
4	40		U_4	U_4-U_3		
5	50		U_5	U_5-U_4		
6	60		U_6	U_6-U_5		
...						
29	290					
30	300		U_{30}	$U_{30}-U_{29}$		

注：本实验仪器的励磁电流负载能力是 0～500mA。已经充分满足了实验要求。由于巨磁阻传感器线性范围为 -8.0Gs～$+8.0$Gs，饱和磁场 15Gs。亥姆霍兹线圈励磁电流到达一定值时，巨磁阻传感器输出已经饱和，输出变化很小，不需要继续增大励磁电流（参考值励磁电流≤300mA）。

（5）反向磁场

① 交换亥姆霍兹线圈励磁电流的方向，即交换励磁电流的正负接线柱的位置。

② 将传感器转盘的角度刻度转到 "0" 刻度上。将显示切换开关打到 "VCC" 端，调节电压调节旋钮，使传感器的工作电压调到 5V，将励磁电流调到 500mA。静置 3min 后，"励磁电流" 调节到 0mA。

③ 将显示切换开关打到 "Vi" 端，按照表 2-35 参数，将工作电压分别调到 5V、10V、15V 进行灵敏度测量（每次改变巨磁阻工作电压后，传感器输出要重新调零）。如先将工作电压调到 5V，励磁电流调节到 0mA，输入信号调零。上行测量和下行测量。计算亥姆霍兹线圈磁感应强度 B，记录传感器电压输出值，计算 ΔU，$\Delta U=U_2-U_1$。实验测试完后，将励磁电流的正接，使亥姆霍兹线圈磁场方向为正。

④ 以亥姆霍兹线圈磁感应强度 B 为横坐标，以传感器输出的电压值 U_o 为纵坐标，画传感器的磁场电压输出曲线。观察其 S 形的饱和曲线。

4. 巨磁阻传感器敏感轴与被测磁场间夹角与传感器灵敏度的关系（图 2-97）

在相同场强下，当外场强方向平行于传感器敏感轴方向时，传感器输出最大。当外场强方向偏离传感器敏感轴方向时，传感器输出与偏离角度的余弦成正比。即传感器灵敏度与偏离角度的余弦关系为 $S(\theta)=S(0)\cos\theta$。

（1）将传感器转盘的角度转到 "0" 刻度上。将显示切换开关打到 "VCC" 端，调节电压调节旋钮，使传感器的工作电压调到 5V，将励磁电流调到 500mA。静置 3min 后，励磁电流调节到 0mA。

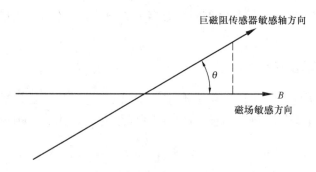

图 2-98　巨磁阻传感器敏感轴与被测磁场的夹角 θ

（2）将传感器的工作电压分别调到 5V、10V、15V（注：每次改变巨磁阻工作电压后，传感器输出要重新调零）。将显示切换开关打到"Vi"端，输入信号调零。参照表 2-35 的灵敏度 δ 的测量方法，将励磁电流调节到 50mA，即 $B=2.045\text{mT}$。顺时针或逆时针转到 θ 角度会有一个对应的输出电压值，计算灵敏度 δ_{θ}。将传感器敏感轴与磁场间的夹角 θ 对应的传感器灵敏度 δ_{θ}，记录在表 2-36 中。

表 2-36　数据记录

工作电压＝_____ V　　　　励磁电流＝_____ mA

序号	角度（°）	线圈磁强度 B	传感器输出电压 U_i	δ_{θ}	$\delta\cos\theta$ 理论值
0	60				
1	45				
2	30				
3	0				
4	30				
5	45				
6	60				

（3）参照表 2-36，观察传感器敏感轴与磁场间的夹角 θ 对应的传感器灵敏度 δ_{θ}，与传感器敏感轴与磁场间的夹角 θ 为 0°时对应的传感器灵敏度 δ_{θ} 的关系，是否满足余弦关系。考虑到有地磁场的影响，会与理论值有一定的误差。

5. 巨磁阻传感器的灵敏度与工作电压的关系

（1）传感器的工作电压调到 5V，将励磁电流调到 500mA。静置 3min 后，励磁电流调节到 0mA。将显示切换开关打到"Vi"端，输入信号调零。

（2）参照表 2-35 测量巨磁阻传感器的灵敏度 δ 的方式，改变传感器工作电压 5V、10V、15V，分别记录不同工作电压时对应的灵敏度 δ_v 到表 2-37 中（每次改变巨磁阻工作电压后，传感器输出要重新调零）。

表 2-37　灵敏度数据表

工作电压（V）	5	6	7	8	9	10	11	…	15
灵敏度 δ_v									

（3）根据表 2-37 数据，绘制巨磁阻传感器的灵敏度与工作电压的关系曲线，观察其对应的关系。

四、实验注意事项

使用磁性传感器时，应尽量避免铁质材料和可以产生磁性的材料在传感器附近出现，注意实验是自己产生磁场并进行测量，注意相互间距离，即仪器之间的磁串扰。

五、思考题

1. 实验过程中的主要误差来源是什么？如何避免？
2. 谈谈你对实验课的体会及建议。

实验 25　测定未知材料在 77K 下的氮气吸附曲线

一、实验目的

1. 了解什么是 BET 表面积分析测试。
2. 判断未知材料的孔属性。
3. 从测试结果中得到适合该材料孔属性的分析方法。

二、实验原理

1. 比表面积

固体材料的比表面积是指单位质量或单位体积的固体所具有的表面积。对于大多数固体材料的比表面积，通常用单位质量的固体的表面积来表示，单位为 m^2/g。比表面积是评价多孔材料的活性、吸附、催化等诸多性能的重要参数之一，通常通过气体吸附的方法来确定材料的比表面积。

2. 比表面积与颗粒尺寸的关系

一般来说，固体材料的颗粒尺寸越小，其比表面积越大。另外，当固体材料表面的粗糙度增大或者孔的数量增大时，其比表面积也会变大。对于粉末样品，通常用比表面积来表示物质分散的程度。比表面积越大，颗粒越分散。

3. 确定材料的比表面积的方法

对于具有规则形状的材料，可以通过几何法来计算其比表面积。而对于常见的不规则形状的物质，通常根据模型假设来计算其比表面积。理论上，比表面积 S 可以通过已知大小的分子（通常假设为球形或者正方体形）占据物质的表面的数量来进行计算。目前，通常通过吸附等温线，方便地根据模型假设来确定材料的比表面积。气体吸附法是测量所有表面的最佳方法，可以得到包括不规则的表面和开孔内部的面积的信息。图 2-99 中为假设气体分子在不规则的固体表面发生吸附过程的示意图，当气体分子将表面铺满后，吸附作用停止。此时所得到的吸附量即为单层吸附量，用 V_m 表示。根据单分子层吸附量和吸附质分子的横截面积即可得到物质的比表面积。

根据采用的模型假设不同，可以用来计算材料的比表面积的方法主要有：Langmuir

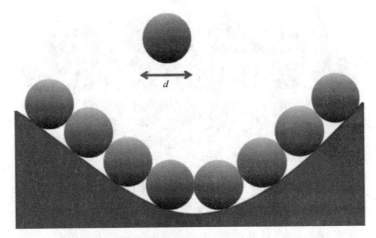

图 2-99　球形分子在材料表面吸附的示意图（假设单分子层吸附）

法、BET 法、B 点法、经验作图法、BJH 法、DR 法和 NLDFT 法等。其中，BET 法是最常用的方法之一。

在实际表述比表面积时，应注明计算比表面所采用的方法。例如，根据 BET 法计算得到的比表面积，可以表示为 S_{BET} 或者 S（BET），单位通常为平方米/克。

4. 确定材料的比表面积的方法——BET 法

在实际的吸附过程中，许多比表面积较小的样品在较低的压力下通常发生多分子层吸附，在此基础上发展了 Brunauer-Emmett-Teller（简称 BET）方法。

由 BET 方程计算得到材料的比表面积，是对固体材料的表面性质进行表征的一个十分重要的物理参数。与 Langmuir 方程假设吸附质分子在表面上的吸附过程为单分子层吸附不同，BET 方程是在表面上发生多分子层吸附的基础上得到的。显然，对于大多数固体材料来说，基于这种假设得到的结果更接近真实情况。

BET 理论基于以下多分子层吸附假设：

（1）吸附表面在能量上是均匀的，即各吸附位具有相同的能量。

（2）被吸附分子间的作用力可略去不计。

（3）固体吸附剂对吸附质气体的吸附可以是多层（通常假设为无限层）。

BET 理论的假设增加了吸附质气体分子在表面可以发生多层吸附，这种假设更接近吸附质分子在表面所发生的真实吸附过程。由于气体分子之间同样存在范德华力，因此气体分子自身也可以被吸附在已经被吸附的分子之上，形成多分子层吸附。BET 方程假设第一层的吸附热是常数，第二层以后各层的吸附热都相等并与凝聚热相等，吸附可以是无限多的层数。当吸附达到平衡后，气体的吸附量等于各层吸附量的总和。基于 BET 多层吸附理论假设的吸附过程如图 2-100 所示。在均匀表面上，吸附质气体分子依次发生了多层吸附。

在根据 BET 方程进行比表面积计算时，通常用于计算比表面积的相对压力的范围在 0.05～0.3 之间（对于含有微孔的材料，该范围会发生变化）。

5. 比表面积测试方法——静态容量法

静态法（静态容量法）：在一个密闭的真空系统中，把样品管置于液氮杜瓦瓶中，改

图 2-100　基于 BET 多层吸附理论假设的气体吸附质
分子在固体表面发生的物理吸附过程

变样品管中氮气压力，使粉体样品在不同的氮气压力下吸附氮气直至吸附达到至饱和。用高精密压力传感器测出样品吸附前后样品室中氮气压力的变化，再根据气体状态方程计算出气体的吸附量，可以按阶梯顺序测出吸脱附等温线，进而进行比表面积计算或孔径分析。静态容量法比表面积及孔径分析仪的特点如下。

（1）在容量法中，样品的吸附与脱附过程是在静态下进行的，这符合理想的吸附平衡条件，而动态法仅为相对的动态平衡。

（2）静态容量法的测试过程是在一个封闭的系统中，直接改变氮气的压力，并通过压力传感器测量压力。方法简便、测量精确，而动态法中氮分压的改变，要通过氮气和氦气相对量的改变，或二者流量的调节才能得到，过程相对复杂，影响因素较多。

（3）对于静态容量法，在吸附与脱附过程中，样品一直固定于液氮杜瓦瓶中，不像动态法每测一个压力点样品管都需要进出液氮杯一次，静态法不但节省了时间，而且大大减少液氮的消耗。

（4）氮气作为吸附气体，氦气只用于自由空间的测定，因此氮气和氦气的消耗极少，大大减少测试的成本。

（5）静态容量法测试一个压力点只需要几分钟，可以根据实验需要增加测试点数，例如孔径分布测定测试点数可以达到 100 点左右。测量的点数多时，有利于测量精度和可靠性的提高，这一点是动态法无法做到的。

（6）在进行孔径分布测试时，静态容量法具有无可替代的优势。其一，静态容量法孔径分析范围是 0.35～500nm；其二，静态容量法可以完整地测试等温吸附曲线和等温脱附曲线，实现对孔径分布的精确分析，可以能得到样品全面的吸附特性，有利于对样品的吸附类型和孔结构做出判断；其三，只有静态法才有可能对微孔进行定量分析。

6. 为什么用氮气作为常用的比表面积和孔径分析气体

气体分子是作为吸附探针来分析比表面积的，所以它应该满足以下应用条件：

（1）气体分子相对惰性，保证不与吸附剂发生化学作用。

（2）为了使足够气体吸附到固体表面，测量时固体必须冷却，通常冷却到吸附气体的沸点，因此要求冷却剂相对容易得到。

（3）符合或满足理想气体方程的使用条件。

理想气体状态方程，也称理想气体定律，描述理想气体状态变化规律的方程。质量为 m，摩尔质量为 M 的气体为一段理想气体。其状态参量压强 p、体积 V 和绝对温度 T 之间的函数关系为：$pV = (mRT/M) = nRT$。

式中 M 和 n 分别是理想气体的摩尔质量和物质的量；R 是气体常量；p 为气体压强，单位 Pa；V 为气体体积，单位 m^3；n 为气体的物质的量，单位 mol；T 为体系温度，单位 K。对于静态氮吸附仪，气体状态方程用于测定气体的吸附量，这具有重要的意义。

在恒定低温下测量气体的吸附和脱附曲线，所使用的气体是那些在固体表面形成物理吸附的气体，尤其是在 77.4K 时的氮气、77.4K 或 87.3K 时的氩气、或 195K 和 273.15K 时的二氧化碳。因为氮气非常便宜，所以作为被吸附物质得到广泛应用。由于气体分子尺寸各异，可以进入的孔也各不相同，因此测量温度不同，得出的结果可能不同。

三、实验仪器与材料

仪器：3H-2000PS1 型静态容量法比表面积分析测试仪。

材料：未知孔属性的多孔材料。

四、实验步骤

1. 了解比表面积分析测试仪的结构

比表面积分析测试仪主要包括脱气站和测试站两部分。脱气站配有两个独立控温（但非独立运行）的保温套；在测试站配有一个保温杜瓦瓶，使用时需要往里面加入合适体积的液氮。非测试时段，液氮存储在 30L 的专属大容量保温瓶中。

2. 测试步骤

（1）样品脱气

对于未知比表面积的样品，需要准备 150mg 以上的粉末或者粒径小于 1mm 的颗粒样品；对于已知比表面积范围的样品，可以根据比表面积大小称量合适的质量用于测试（比表面积越大则用于测试的质量可越少）。首先称取空测试管的质量并记录，然后将样品通过装样漏斗加入测试管，待到样品全部落入测试管底部后，取出装样漏斗，将测试管横置，小心放入玻璃管，并用棉塞塞住管口，至此完成装样步骤。

将装有样品的测试管与脱气站的管口连接，随后套上保温套，在软件的脱气控制界面设定脱气温度，点击"开始"即可。

（2）测定 77K 氮气吸附曲线

将已经完成脱气步骤的样品取下，并同时取出棉塞和玻璃棒，对此时的测试管+样品进行称重。称重完毕后继续放入玻璃棒和棉塞。将测试管连接至测试站的端口，并放置装有合适液氮体积的杜瓦瓶，套上蓝色保护盖后完成测试前的准备工作。在软件测试过程界面中点击设置，填入样品名称、样品质量、脱气温度和时长，选择"全孔样品，＞45 点"的测试方案，确定后点击开始即运行。

测试结束，下降杜瓦瓶，待到仪器完全结束运行程序后，将蓝色保护外壳摘掉，取下样品管，并在杜瓦瓶的开口处用专门的保温盖盖上。

（3）数据导出

仪器测试结束后，按提示依次点击确定。随后在报告管理界面中，双击测完的样品，依次点击"生成报告-数据汇总报告-继续"，随后选择导出目录，导出报告的.pdf 和 .csv 格式文件。

五、注意事项

（1）待测样品必须是粉末颗粒，宏观尺寸要小于装样漏斗的最小口径。

（2）装填样品管时不能直接将装样漏斗滑入样品管中，目的是避免玻璃漏斗出现损坏，同理，在测试环节中放入玻璃棒也应避免过快滑入。

（3）将样品管与脱气站/测试站端口连接时务必顶紧，防止在抽气过程中因密封程度不够导致无法得到测试所需的真空度。

（4）取用液氮时需要佩戴安全手套，禁止湿手触碰。

（5）测试结束后在"报告管理"中若无显示该样品测试结果，更改显示日期范围。

六、实验数据与结果

在导出的报告中需要得到以下信息：该材料的 BET 多点法比表面积，孔体积、77K 氮气吸附等温线、BET 表面积拟合线，孔径分析方法以及孔径分布图。

1. 比表面积分析结果

打开报告管理导出的.pdf 文件，在报告数据汇总中可查看比表面积分析结果，一般选用 BET 多点法比表面积。

在"等温线"报告中查看吸脱附等温线（线性），根据曲线特性判断该材料孔类型（微孔/介孔）；根据吸脱附等温线数据表在 Origin 中绘制图 2-101。

在"BET 多点法比表面积测试报告"中参考给出的 BET 多点法拟合直线，在 Origin

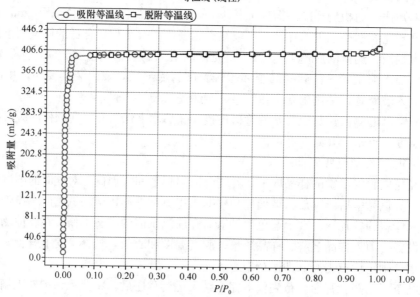

图 2-101　样品的 77K 氮气吸附等温线

中画出点图 2-102，然后使用一次线性方程进行拟合，得到斜率和截距值并与报告给出的进行对比。

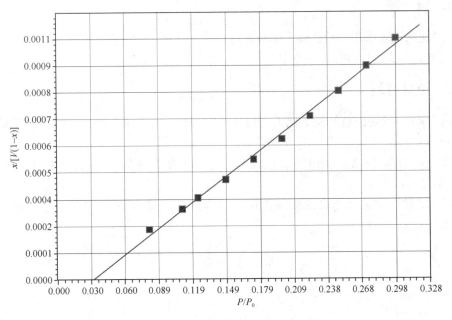

图 2-102　样品的 BET 多点法拟合直线

2. 孔径及孔体积分析结果

根据图 2-103 判断的孔类型，使用相对应的孔径报告进行分析。图 2-103 所示的曲线类型是典型的 I 类等温线，即该材料的孔为微孔。使用 "H-K（Original）法微孔分析报

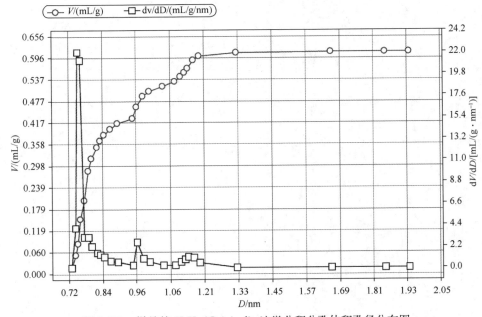

图 2-103　样品的 H-K（Original）法微分积分孔体积孔径分布图

告"进行微孔分析，$\mathrm{d}V/\mathrm{d}D$ 的最大值所在点对应的横坐标值（D）即该材料的最适合孔径；根据数值，在 Origin 中绘制实测样品的微分孔径分布和累积孔体积曲线。

七、思考题

1. 如何从比表面积分析曲线上分析该材料属于什么类型的孔？
2. BET 曲线通常有哪几种类型？

八、参考资料

［1］ 梁薇．微孔材料 BET 比表面积计算中相对压力应用范围的研究［J］．工业催化，2006，14(11)：5.

［2］ 何云鹏，杨水金．BET 比表面积法在材料研究中的应用［J］．精细石油化工进展，2018，19(4)：5.

［3］ 胡林彦．采用比表面积和孔径分析仪测量纳米颗粒粒径［J］．中国粉体技术，2017，23(04)：39-42.

第三章　综合实验

实验 1　溶胶凝胶法制备半导体材料二氧化钛及光催化降解性能测试

一、实验目的

1. 了解溶胶凝胶法制备二氧化钛纳米粒子的合成原理和影响因素。
2. 制备二氧化钛纳米粒子，并开展光催化降解罗丹明 B 性能测试及结果分析。

二、实验原理

1. 溶胶凝胶法

溶胶凝胶法是用含有高化学活性组分的化合物作前驱体，在液相下将这些原料均匀混合，并进行水解、缩合化学反应，在溶液中形成稳定的透明溶胶体系；溶胶经陈化胶粒间缓慢聚合，形成三维网络结构的凝胶，凝胶网络间充满了失去流动性的溶剂；凝胶经过干燥、烧结固化制备出分子至纳米亚结构的材料。

2. 纳米材料

纳米材料是指在三维空间中至少有一维处于纳米尺寸（1～100nm）或由它们作为基本单元构成的材料。当人们将宏观物体细分成超微颗粒（纳米级）后，它将显示出许多奇异的特性，即它的光学、热学、电学、磁学、力学以及化学方面的性质和大块固体时相比将会有显著的不同。

3. 光催化

光催化剂受到太阳光照射，产生光生电子空穴对；光生电子空穴对在光催化剂内部分离，并迁移至催化剂的表面；在光催化剂表面利用光生电子和空穴分别发生还原和氧化反应。

4. 二氧化钛光催化机理

当 TiO_2 吸收光能量之后，价带中的电子就会被激发到导带，形成带负电的高活性电子 e^-，同时在价带上产生带正电的空穴 h^+。在电场的作用下，电子与空穴发生分离，迁移到粒子表面的不同位置。热力学理论表明，分布在表面的 h^+ 可以将吸附在 TiO_2 表面 OH^- 和 H_2O 分子氧化成羟基自由基，而羟基自由基的氧化能力是水体中存在的氧化剂中最强的，能氧化并分解各种有机污染物（甲醛、苯、TVOC 等）和细菌及部分无机污染物（氨、NO_x 等），并将最终降解为 CO_2、H_2O 等无害物质。由于羟基自由基对反应物几乎无选择性，因而在光催化中起着决定性的作用。此外，许多有机物的氧化电位较 TiO_2 的价带电位更负一些，能直接为 h^+ 所氧化。而 TiO_2 表面高活性的 e^- 侧具有很强的还原能力，可以还原去除水体中金属离子。光催化广泛应用于杀菌、除臭、空气净化、污水处理等领域。

三、实验仪器及材料

1. 材料及化学试剂

钛酸丁酯，无水乙醇，冰醋酸，去离子水，罗丹明 B。

2. 仪器设备

磁力搅拌器，电子天平，量筒，容量瓶，烧杯，滴液漏斗，试管，光催化反应仪，紫外可见光谱仪，烘箱。

四、溶胶凝胶法制备二氧化钛纳米粒子

（1）将 3mL 钛酸丁酯溶解于 10mL 无水乙醇和 3mL 冰醋酸的混合溶液中，形成溶液 A。

（2）将 10mL 无水乙醇、3mL 冰醋酸和 1mL 去离子水混合，形成溶液 B。

（3）在室温情况下，将溶液 A 缓慢滴加至溶液 B 中，滴加速度保持大约 2s 一滴，高速磁力搅拌，滴加结束后继续搅拌 30min，得到透明澄清的溶胶。

（4）将溶胶置于 50℃烘箱内陈化一段时间得到淡黄色凝胶，并伴随溶剂的挥发最终得到黄色透明的干凝胶。

（5）将干凝胶在研钵中研磨后置于 500℃马弗炉中高温煅烧 2 h，最终得到白色 TiO_2 纳米粒子。

五、纳米二氧化钛光催化降解罗丹明 B

（1）配置 $1×10^{-4}$ mol/L、$1×10^{-5}$ mol/L、$5×10^{-6}$ mol/L、$1×10^{-6}$ mol/L 和 $5×10^{-7}$ mol/L 罗丹明 B 标准溶液，并进行紫外可见光谱测试，根据最高吸收峰建立标准曲线。

（2）取 10mL $1×10^{-4}$ mol/L 罗丹明 B 水溶液加入反应试管中，并加入 40mg 所制备的 TiO_2 纳米粒子，加入搅拌磁子，首先在黑暗环境下静置 10min，随后在光催化仪中进行光催化反应，设置参数为紫外波长 365nm、强度 500W。

（3）5min、15min、30min 时分别取出 1、2、3 号试样，离心后溶液进行紫外-可见光谱测试，根据最高吸收峰通过标准曲线确定溶液中剩余罗丹明 B 浓度，建立罗丹明 B 降解率-反应时间关系曲线。

六、实验结果和数据处理

1. 罗丹明 B 紫外标准曲线数据分析

图 3-1 为不同浓度的罗丹明 B 的紫外可见吸收光谱图，在 500～600nm 波长范围内出现罗丹明 B 的特征吸收峰，随着罗丹明 B 的浓度增大，吸收峰的强度随之增大。根据最高吸收峰（550nm 处）的峰值建立相应的标准曲线，如图 3-2 所示，从标准曲线图中可以观察到曲线线性拟合很好，表明罗丹明 B 标准溶液的配制精度较高。

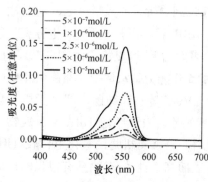

图 3-1　不同浓度的罗丹明 B 紫外
可见吸收光谱图

2. 光催化性能数据分析

将光催化降解罗丹明 B 之后的溶液进行紫外

可见光谱测试，获得谱图中 550nm 处的吸收值，代入到标准曲线的函数方程中即可算得光催化降解之后的罗丹明 B 的浓度，通过与原始浓度进行比较计算就可以得到罗丹明 B 的降解率。测得不同光催化时间的罗丹明 B 降解率，即可建立罗丹明 B 降解率-反应时间关系曲线。一般而言，随着光催化反应时间的延长，罗丹明 B 的降解率会越来越高。

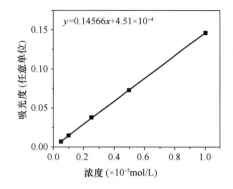

图 3-2　根据最高吸收峰建立标准曲线

七、思考题

1. 溶胶凝胶法制备二氧化钛的合成原理。
2. 光催化降解有机污染物的基本原理。
3. 哪些因素影响二氧化钛降解罗丹明 B 的降解速率？如何提高降解速率？

实验 2　半导体氧化亚铜的电化学沉积及光学性能测试

一、实验目的

1. 理解氧化亚铜的电化学沉积机理，掌握电化学沉积制备方法。
2. 掌握薄膜样品紫外可见透射光谱的测量方法。
3. 掌握紫外可见透射光谱的分析原理，并根据测试结果计算氧化亚铜薄膜的禁带宽度。

二、实验原理

1. 电化学沉积原理

氧化亚铜薄膜的沉积在常规的三电极电化学沉积池中进行。三电极电化学沉积池中的三电极包含：工作电极、对电极以及参比电极（图 3-3）。在电化学沉积过程中，工作电极与对电极上各自进行反应，但通常情况下，只有工作电极上所进行的反应是所需要关注的反应，因此对电极一般采用惰性电极（如金、铂金或者石墨等电极）。通过电化学工作站在工作电极与对电极之间施加合适的电压或者电流，从而控制在工作电极上进行实验所需的反应。图 3-4 为电极与溶液中物质发生反应的示意图。

本实验中，因为后续的紫外可见光谱测

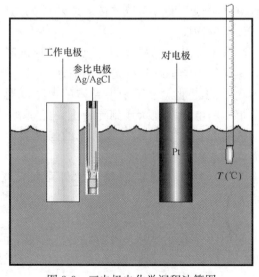

图 3-3　三电极电化学沉积池简图

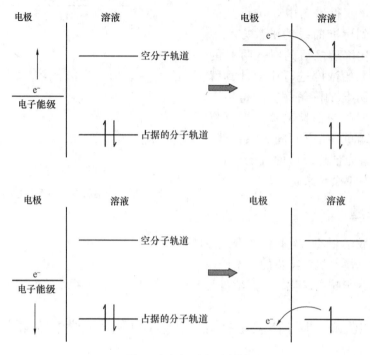

图 3-4　电极反应示意图

试，因此工作电极采用的是涂有高透光性导电薄膜 ITO（氧化铟锡）的玻璃衬底，沉积过程为：

$$Cu^{2+} + e^- \longrightarrow Cu^+$$
$$Cu^+ + OH^- \longrightarrow Cu_2O$$

2. 紫外可见透射光谱原理

半导体材料的禁带宽度是半导体最基本的性能参数之一。测试半导体材料禁带宽度的方法很多，而紫外可见透射光谱是较为常见的一种测试手段。图 3-5 是常见的紫外可见光谱测试设备的简图。

图 3-6 给出了利用紫外可见光谱测试时，半导体材料中电子跃迁的能带示意图，只有当入射光子的能量大于等于半导体禁带宽度时，其价带中的电子才能跃迁到导带上，此时相对应的透射光谱中会出现对入射光的强烈吸收，从而光的透射率大幅下降。

图 3-7 为氧化亚铜薄膜的紫外可见吸收光谱。

3. 紫外可见透射光谱分析与计算

利用紫外可见透射光谱的数据进行相应的计算，可以获得半导体材料的禁带宽度。计算公式如下：

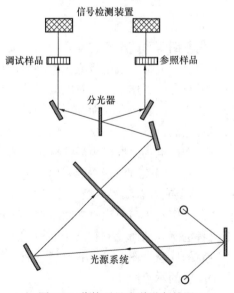

图 3-5　紫外可见光谱设备简图

$$I = I_0 \times e^{-\alpha t}$$
$$(\alpha h\nu)^n = A(h\nu - E_g)$$

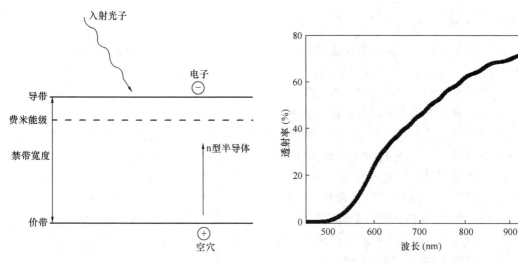

图 3-6　半导体材料电子跃迁简图　　　　　图 3-7　氧化亚铜薄膜的紫外可见吸收光谱

其中 I/I_0 即所测得样品的透射率，t 为薄膜的厚度，通过公式可以计算样品的吸收系数 α 和半导体材料的禁带宽度（图 3-8）。

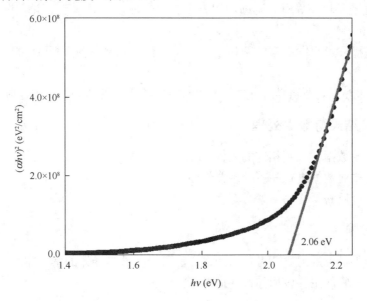

图 3-8　半导体材料禁带宽度计算与拟合

三、实验仪器和试剂

1. 实验仪器

日立 H4150 固体紫外可见分光光度计。

2. 实验试剂

$CuSO_4 \cdot 5H_2O$，NaOH，乳酸钠，ITO 导电玻璃，铂金电极以及 Ag/AgCl 参比电极。

四、实验步骤

1. 配制溶液：将适量的氧化亚铜与乳酸钠溶于水中，制备相应浓度的溶液；利用氢氧化钠溶液调节溶液 pH 值至 9.0 左右。

2. 打开水浴设备，设定温度为 60℃。

3. 将装有溶液的烧杯固定在水浴锅中。

4. 打开电化学工作站及电脑，完成设备自检后，将电极接头分别与 ITO 玻璃（工作电极）、铂金电极（对电极）以及 Ag/AgCl 电极（参比电极）相连接。

5. 设置沉积参数，电压为 −0.4V，沉积时间为 1800s，开始沉积实验。

6. 沉积结束后将 ITO 玻璃取出，用去离子水清洗干净后，放入烘箱干燥。

7. 将干燥好的样品与空白样品分别放入紫外可见分光光度计中相应的样品架上。

8. 设置测试参数，选择透射谱测试，波长范围 400~800nm，扫描步宽为 0.5nm/s。

9. 测试结束后，将样品取出，完成数据转换与存储。

10. 关闭电脑与设备。

五、注意事项

1. ITO 玻璃是单面导电，必须利用万用表确认玻璃的导电面，并在沉积过程中使导电面垂直对电极。

2. 在实验操作过程中应穿戴防护手套，防止化学药品腐蚀，同时防止手上的油污沾染样品。

3. 透射谱测试时，要将样品与空白样放置在对应的样品架上，如放反，则实验结果有误。

六、实验结果与数据处理

1. 将获得的数据导入到相应的处理软件中，如 Excel 或 Origin。

2. 根据公式对数据进行相应处理并作图。

3. 计算拟合后获得样品的禁带宽度。

七、思考题

1. 除了紫外可见透射谱还有什么测试方法可以测试半导体的禁带宽度？

2. 半导体材料的主要应用你都知道哪些？

实验 3　双金属 ZIFs 的制备及其结晶性测试

一、实验目的

1. 掌握 ZIFs 的制备方法。

2. 理解不同配方对粉末颜色的影响。

二、实验原理

以 ZIF-67 为例,2-甲基咪唑中的氮上具有未成键电子,可以与金属钴上的空轨道形成配位键,利用桥联配体 2-甲基咪唑中的氮原子与 Co^{2+} 通过四配位杂化方式形成具有方钠石拓扑结构的多孔 MOFs 材料。如图 3-9 所示。

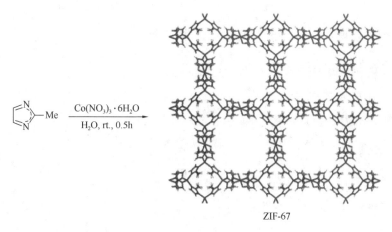

图 3-9 ZIF-67 的合成路线和结构图

三、实验仪器及试剂

1. 实验仪器

烘箱,低速离心机,恒温磁力搅拌器,精密电子天平,超声清洗机,量筒,烧杯,圆底烧瓶。

2. 实验试剂

六水合硝酸钴[$Co(NO_3)_2 \cdot 6H_2O$],六水合硝酸锌[$Zn(NO_3)_2 \cdot 6H_2O$],2-甲基咪唑(2-hmim),十六烷基三甲基溴化铵(CTAB),乙醇,超纯水。

四、实验步骤

1. 用电子天平称量六水合硝酸钴[$Co(NO_3)_2 \cdot 6H_2O$]584mg,十六烷基三甲基溴化铵(CTAB)8mg,放入烧杯中,加入 20mL 水溶解,得到溶液 A。

2. 称取 2-甲基咪唑(2-hmim)9.08g 放入圆底烧瓶中,用量筒量取 140mL 的水加入烧瓶中,得到溶液 B。

3. 将上述溶液 B 放到磁力搅拌器上搅拌 5min,使溶液混合均匀,将溶液 A 迅速加入溶液 B 中,在室温搅拌 30min 后离心收集,离心机转速为 6000rpm/s,离心 5min,最后用无水乙醇洗涤 3 次。

4. 将得到的粉末放入 80℃烘箱中烘干,收集备用。

5. 5 个小组分别使用不同的配方合成。小组一如上所述;小组二:金属盐 $Co(NO_3)_2 \cdot 6H_2O$ 116mg、$Zn(NO_3)_2 \cdot 6H_2O$ 476mg;小组三:金属盐 $Co(NO_3)_2 \cdot 6H_2O$ 292mg、$Zn(NO_3)_2 \cdot 6H_2O$ 297mg;小组四:金属盐 $Co(NO_3)_2 \cdot 6H_2O$ 466mg、$Zn(NO_3)_2 \cdot 6H_2O$ 119mg;小组五:金属盐 $Zn(NO_3)_2 \cdot 6H_2O$ 594mg。其余条件与上述步骤保持一致。

6. ZIFs 的结晶性测试是通过 X 射线衍射进行的测试，由于 ZIF-67 在空气条件下稳定，将样品保留用于下次实验测试 XRD。

五、注意事项

1. 晶体的生长过程尽量不要受外界打扰，避免晃动溶液、摇晃桌子或掉落其他杂质等。

2. 实验数据处理时，各个小组根据自己的配方绘图。

六、实验数据和结果

1. 提供干燥后的 ZIFs 粉末。

2. 记录实验操作步骤。

七、思考题

1. 为什么在制备 ZIF-67 时，添加 CTAB?

2. 5 个小组得到的粉末为何颜色不同?

实验 4   多孔碳材料制备及对罗丹明 B 染料的吸附性能测试

一、实验目的

1. 掌握染料吸附的分析方法。

2. 理解影响罗丹明 B 吸附性能的因素。

二、实验原理

通过上个实验合成的 Zn/Co-ZIF，然后直接炭化得到 CZIF-867 多孔炭材料，并对 CZIF-867 多孔炭材料进行表征和吸附性能测试，作为对比实验，同样制备了 CZIF-8 和 CZIF-67 两种多孔炭。在吸附性能方面主要考察了 CZIF-867 多孔炭材料对罗丹明 B 的吸附，其中影响吸附的因素包括吸附时间、初始浓度、吸附剂的量和温度等。相关数据通过吸附动力学模型进行拟合。

三、实验仪器及试剂

1. 实验仪器设备
容量瓶，玻璃棒，水浴锅，烧杯，紫外可见分光光度计。
2. 实验试剂
ZIFs 衍生碳材料，罗丹明 B (RhB)，无水乙醇，超纯水。

四、实验步骤

1. 称取 0.0500g 的罗丹明 B，倒入 500mL 的容量瓶中并用蒸馏水定容，配制 100mg/L 的罗丹明 B 溶液，用于制备罗丹明 B 的标准曲线。本实验中使用紫外分光光度计对 100mg/L 的罗丹明 B 溶液进行光谱扫描（在 554nm 处有最大吸收峰）。将 100mg/L 的罗丹明 B 溶液稀释到 2mg/L、4mg/L、6mg/L、8mg/L、10mg/L 5 种标准浓度，将 5 种标准浓度的溶液在 554nm 波长下测得各自的吸光度，并记录数据，所得数据以浓度为横坐标（X），吸光度为纵坐标（Y）作图得到罗丹明 B 的标准曲线。

2. 在浓度为 60mg/L 的罗丹明 B 溶液 50mL 里加入 10mg 的多孔炭，在 30℃ 条件下按规定的时间间隔提取溶液，通过离心得上层清液，然后利用紫外分光光度计固定 554nm 波长下测出 RhB 溶液的吸光度，根据 RhB 的标准曲线获得溶液中溶质的浓度。在 t 时刻 RhB 的吸附量（q_t）可由以下公式计算得到：

$$q_t = \frac{(C_0 - C_t)V}{m}$$

其中 C_0 和 C_t（mg/L）分别表示 RhB 的初始浓度和任意 t 时刻溶液的浓度，V（L）和 m（g）分别表示溶液的体积和吸附剂的质量。

绘制 5 种 ZIFs 基多孔碳在 30℃ 时吸附量对时间的影响。

3. 在 30℃ 温度下 50mL 60mg/L 的 RhB 溶液中，分别加入 5mg、10mg、15mg 和 20mg 吸附剂，吸附 30min 后提取溶液，通过离心得上层清液，然后利用紫外分光光度计固定在 554nm 波长下测出 RhB 溶液的吸光度 C_e，根据 RhB 的标准曲线获得溶液中溶质的浓度。计算去除率，做出去除率和吸附剂用量的曲线。去除率（R）可由以下公式计算得到：

$$R = \frac{C_0 - C_e}{C_0} \times 100\%$$

其中 C_0 和 C_e 分别表示 RhB 溶液的初始浓度和吸附 30min 后溶液中 RhB 的浓度，绘制 4 个不同多孔炭用量吸附 30min 后去除率的对比柱状图。

五、注意事项

1. 注意搅拌速率要保持一致，否则影响吸附性能。
2. 吸附测试时，需要把炭材料过滤完全。

六、实验数据和结果

1. 绘制 RhB 标准吸附曲线，并拟合出标准方程。
2. 不同时间下多孔炭对 RhB 的吸光度，根据标准曲线计算 RhB 的浓度，绘制吸附量-时间曲线，对比 5 种多孔炭的吸附性能差异。
3. 不同炭材料用量吸附 30min 后去除率的对比柱状图。

七、思考题

1. 多孔炭对 RhB 吸附效果有哪些影响因素？
2. 5 种多孔炭吸附性能差异的原因是什么？

八、参考资料

张家金. 基于 ZIF 的功能炭材料的制备及其吸附性能研究 [D]. 北京：中国矿业大学，2019.

实验 5 CaTiO₃介电功能陶瓷的合成与介电常数测定

一、实验目的

1. 了解介电功能陶瓷的性质及基本用途、电化学阻抗谱法测定介电常数的方法。
2. 了解陶瓷的原料塑坯成型、固相烧结合成方法。
3. 了解烧结工艺参数对于陶瓷微观形貌、晶体结构的影响因素。

二、实验原理

1. 固相烧结合成的基本原理

固相烧结（Sintering）是一种利用热能使粉末坯体致密化的技术，是功能陶瓷材料常用的合成制备手段。陶瓷粉料成型后变成具有一定外形的塑坯，坯体内一般含有百分之几十的气孔（25%～60%），而颗粒之间只有点接触。在高温下颗粒间接触界面扩大，逐渐形成晶界；气孔的形状变化，体积缩小，从连通的气孔变成各自孤立的气孔并逐渐缩小，最后大部分甚至全部气孔从坯体中排除，这就是烧结的主要过程（图 3-10）。

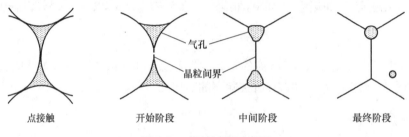

点接触　　　　　开始阶段　　　　　中间阶段　　　　　最终阶段

图 3-10　烧结过程示意图

固相烧结必须在高温下进行，但烧结温度及烧结温度范围因原料种类、制品要求及工艺条件不同而异。纯物质的烧结温度与其熔点间有一近似关系，如金属的开始烧结温度为 0.3～0.4TM（熔点），无机盐类约为 0.57TM，硅酸盐类为 0.8～0.9TM，因此固相烧结是在远低于固态物质的熔融温度下进行的。固态物质的烧结往往伴随着固相反应的进行，在功能陶瓷材料烧结中还会出现化合物分解、晶型转变、形成气体等复杂的物理、化学过程。

2. 介电材料及介电参数

介电材料又叫电介质，是以电极化为特征的材料。介电材料本身不带电荷，但将其置于电场中，其体积内部和表面会感应出一定的电荷。因此，介电材料可以通过感应而非传导的方式传递、存储或记录电场的作用和影响。电极化是在外电场作用下，分子中正负电荷中心发生相对位移而产生电偶极矩的现象，而介电常数是表征电介质的最基本参数(图 3-11)。

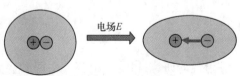

电场E

图 3-11　电极化原理图

介质极化时响应外场变化快慢的程度用弛豫时间 τ 表征，它的含义是：电介质，加上恒定电场，当极化达到稳定以后，若移去电场，极化强度 P 变为原极化强度 P_0 的 $1/e$，

即 $P = P_0 \exp\left(-\dfrac{t}{\tau}\right)$。

由于极化过程中弛豫现象的存在，D、P、E 不是同位相，设 D、P 滞后于 E 相角 $\omega\tau$，用复数表示正弦型电场：

$$\dot{E} = E_0 \exp(j\omega t)$$
$$\dot{D} = D_0 \exp(j\omega t - j\omega\tau)$$
$$\varepsilon_r = (D_0/\varepsilon_0 E_0)\exp(-j\omega\tau) = \varepsilon'_r - j\varepsilon''_r$$

电容（复数）C 及其导纳 Y：

$$\dot{C} = \dot{\varepsilon}_r C_0 = \varepsilon'_r C_0 - j\varepsilon''_r C_0$$
$$\dot{Y} = j\omega\dot{C} = \omega\varepsilon''_r C_0 + j\omega\varepsilon'_r C_0$$

Y 的实数部分相当于电阻 R，即 $R = 1/\omega\varepsilon''_r C_0$。这表明充满介质的电容器等效于电阻和电容的并联网络。在正弦型交变电场中，若电容两端电压（有效值）为 V_e，通过介质的电流：

$$\dot{I} = V_e\dot{Y} = I' + jI''$$
$$I' = \omega\varepsilon''_r C_0 V_e, \quad I'' = \omega\varepsilon'_r C_0 V_e$$

介电常数的虚部反映了极化弛豫过程中的能量损失。一般用损耗角正切 $\tan\delta$，即有功电流与无功电流功电流之比表征。

$$\tan\delta = I'/I'' = \varepsilon''_r/\varepsilon'_r$$

三、实验仪器和试剂

1. 实验仪器

电子天平，研钵，压片膜具，压片机，马弗炉，扫描电镜，游标卡尺，辰华 CHI 电化学工作站。

2. 实验试剂

$CaCO_3$，TiO_2。

四、实验内容

1. 准备烧结所需粉体。

2. 粉末的称量（称取 TiO_2 4g，计算 $CaCO_3$ 的化学计量比，维持 Ca∶Ti＝1∶1）。

3. 粉末的混合、研磨，利用研钵混合研磨原材料。

4. 塑坯成型：取 0.2g 研磨并混合好的粉体，利用压片磨具和液压机（30MPa）压成直径为 $\phi 10$ 的片状（成型性不好的情况下加入一滴乙二醇）。

5. 陶瓷预烧：在 700℃下将片体预烧 2h。

6. 固相烧结合成：分 2 组，分别在 1300℃、1500℃下烧结 4h，得到 $CaTiO_3$ 介电功能陶瓷。

五、注意事项

1. 有条件可利用 SEM 对烧结合成的样品进行微观型貌分析。重点分析材料烧结后，不同的烧结温度、不同化学组分对于材料表面形貌及孔隙率的影响。

2. 有条件可利用 XRD（或拉曼光谱）分析陶瓷的物相组成。对比标准图谱，分析材料是否被正确的合成；对比分析同一种材料在不同温度下烧结的 XRD 谱图（或拉曼光谱）的差别。

3. 利用交流阻抗谱分析材料介电性能，重点分析烧结温度对于不同频率下介电参数的影响。

六、实验结果与数据处理

用游标卡尺测量陶瓷片的几何尺寸，随后在陶瓷片表面涂制银浆，280℃烧结 30min 后，利用阻抗谱测定该介电陶瓷在不同频率范围下的阻抗值（频率范围 1Hz～1MHz），并以此计算介电常数，最终绘制"介电常数频谱图"（频率-介电常数关系图）。

利用阻抗谱计算介电常数的方法：

$$\omega = 2\pi f$$
$$\mathrm{d}C = \frac{-1}{\omega \mathrm{d}Z''}$$
$$\mathrm{d}C = \frac{S\mathrm{d}\varepsilon}{4\pi KD}$$
$$\mathrm{d}\varepsilon = \frac{4\pi KD}{S}\mathrm{d}C$$

利用阻抗谱计算介电损耗的方法：

$$\mathrm{d}\delta = \frac{1}{\tan\theta} = \mathrm{d}Z'/\mathrm{d}Z''$$

其中，f 为阻抗测量频率，$\mathrm{d}Z'$ 为特定频率下阻抗实部数值，$\mathrm{d}Z''$ 为特定频率下阻抗虚部数值，$\mathrm{d}C$ 为特定频率下电容，$\mathrm{d}\varepsilon$ 为特定频率下介电常数，K 为常数 9×10^9，D 为陶瓷圆片厚度，S 为陶瓷圆片面积，$\mathrm{d}\delta$ 为特定频率下介电损耗。

七、思考题

1. 陶瓷预烧的作用是什么？
2. 烧结合成温度对于介电陶瓷的物理、化学性质有哪些影响？
3. 为什么烧结后陶瓷片的几何尺寸会发生明显的收缩？
4. 为什么材料的介电常数会随着外加电场频率的改变而改变？

实验 6 聚苯胺电致变色薄膜的制备及电致变色性能测试

一、实验目的

1. 了解电化学聚合制备聚苯胺的合成原理和影响因素。
2. 电化学聚合制备聚苯胺薄膜，并开展电致变色性能测试及结果分析。

二、实验原理

1. 电致变色现象

电致变色是材料的光学属性（反射率、透过率、吸收率等）在外加电场的作用下发生稳定、可逆的颜色变化的现象，在外观上表现为颜色和透明度的可逆变化。具有电致变色性能的材料称为电致变色材料，用电致变色材料做成的器件称为电致变色器件。

2. 电致变色材料分类

电致变色材料分为无机电致变色材料和有机电致变色材料。无机电致变色材料的典型代表是过渡金属氧化物（WO_3、MoO_3、NiO 等）、普鲁士蓝等，以 WO_3 为功能材料的电致变色器件目前已经产业化。而有机电致变色材料主要包括有机小分子电致变色材料（如紫罗精类）和导电聚合物电致变色材料（如聚苯胺、聚噻吩、聚吡咯等）。

3. 电致变色性能的主要评价参数

（1）光学对比度：在特定波长下，一个电致变色材料、器件着色态和透明态（褪色态）透过率的最大差值。

（2）着色效率：在特定波长下，材料、器件的光学吸收度差值与单位面积上得失电荷总数的比值，单位为 cm^2/C。着色效率值越高的材料，其着色态与透明态的光学对比越强。

（3）着色褪色响应时间：材料、器件在着色、褪色之间状态转化过程中达到 90% 光学对比度所需的时间。

（4）循环稳定性：材料在电化学循环过程中，其光学对比度和电化学响应时间等参数保持原有数值的能力。

4. 聚苯胺的结构

聚苯胺在分子结构上存在共轭大 π 键，整个大分子链是一维结构，含有单双键交替的重复单元（图 3-12），形成具有一定扭曲的共轭分子平面；y 值用于表征聚苯胺的氧化还原程度，其大小受聚合时氧化剂种类、浓度等条件影响，y 值不同，其结构不同。本征态的聚苯胺是绝缘体，质子酸掺杂可使聚苯胺电导率提高十几个数量级。

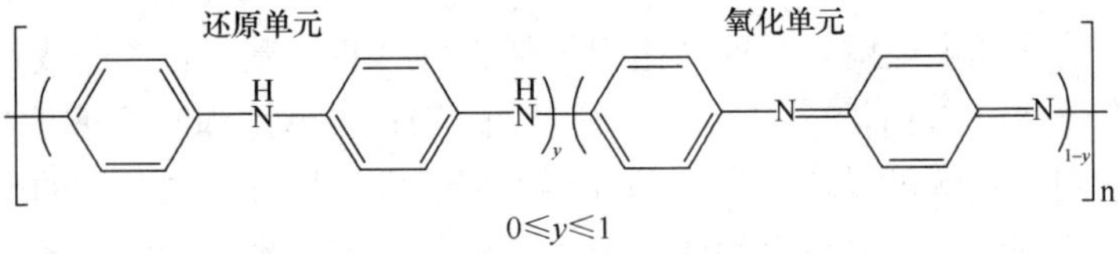

$$0 \leqslant y \leqslant 1$$

图 3-12 本征态聚苯胺结构

5. 聚苯胺的掺杂导电机理

质子进入高分子链上才使链带正电，为维持电中性，阴离子也进入高分子链网（图 3-13）。聚苯胺经过掺杂之后，在分子链上同时存在极化子和双极化子。在掺杂态的聚苯胺中，载流子是极化子和双极化子共同承担的，它们在分子链上相互转化以达到电荷转移的目的。

6. 聚苯胺电致变色机理

聚苯胺电致变色的机理目前存在争议，但是根据聚苯胺薄膜在水溶液和有机相中电化学反应的研究成果，研究者提出一些为学界所普遍认同的理论，如氧化还原理论、离子注入理论、能带理论等。

（1）氧化还原理论：聚苯胺在电场作用下能显示淡黄色-绿色-蓝色的可逆变化，是由于聚苯胺电子结构发生变化，经历全还原态-中间氧化态-全氧化态的可逆变化。

（2）离子注入理论：在电场作用下，离子注入使聚苯胺由绝缘体向导体转变，其电子状态也发生变化。

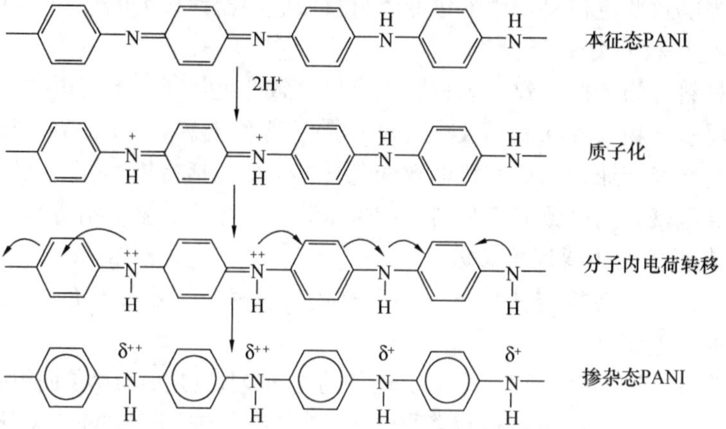

图 3-13 聚苯胺掺杂导电结构机理图

（3）能带理论：聚苯胺 π 电子占据的最高能级和未占据的最低能级之间的能带宽（E_g）决定聚苯胺内在的光学和电学性质，可以通过掺杂和去掺杂来控制这些材料的光学性质。在掺杂的过程中引入极子、孤子、双极子等载流子，随着掺杂程度由小到大的变化，在分子的 CB（导带）和 VB（价带）之间依次出现极子能级、双极子能级、双极子能带，价带电子向不同能级跃迁，使光谱发生不同的变化。如果在一定范围内控制电位的大小，通过电位决定掺杂程度的不同，从而导致可见光区的吸收不同，显示出颜色的变化，就发生电致变色现象。

7. 电化学聚合

将含单体的溶液通电电解，从而产生引发活性种（自由基、正离子或负离子）单体聚合的方法。聚合体系一般由溶剂（水或各种有机溶剂）、单体和有机或无机电解质组成。依体系中组分不同，电解可以产生自由基或离子型引发活性种不同类型的聚合。电化学聚合可以通过循环伏安法、恒电位电解法、恒电流电解法等多种电化学技术开展。

三、实验仪器及材料

1. 实验仪器
电化学工作站，量筒，紫外可见光谱仪。

2. 材料
苯胺，硫酸，去离子水，ITO 玻璃，Ag/AgCl 电极，电解池，乙醇。

四、电化学聚合制备聚苯胺薄膜

1. ITO 玻璃分别在水、乙醇溶液中超声清洗 10min，随后吹干。

2. 60mL 0.5mol/L H_2SO_4 溶液中加入 2mL 苯胺单体溶液，搅拌均匀得到电聚合电解液。

3. 以 ITO 玻璃为工作电极，Pt 片电极为对电极，Ag/AgCl 电极为参比电极构建三电极体系。选择 CV 法电聚合聚苯胺，CV 参数设定：低电位 −0.4V，高电位 1.2V，扫描速率 100mV/s，扫描圈数 5 圈。

五、聚苯胺薄膜电致变色性能测试

1. 以聚苯胺薄膜导电玻璃为工作电极，Pt片电极为对电极，Ag/AgCl电极为参比电极构建三电极体系，0.5mol/L H_2SO_4溶液为电解液，选择CV法测试聚苯胺薄膜的电致变色性能，CV设定：低电位−0.4V，高电位1.2V，扫描速率10mV/s。

2. 选择恒电位法测试聚苯胺薄膜的电致变色性能，分别设定电解电位0V、0.2V、0.4V、0.6V、0.8V 5个数值，电解100s后对聚苯胺薄膜进行拍照，观察颜色变化，并对聚苯胺薄膜进行电化学工作站-紫外可见光谱（400~1100nm）联用原位测试（图3-14），获得相应电解电位下的紫外可见光谱。

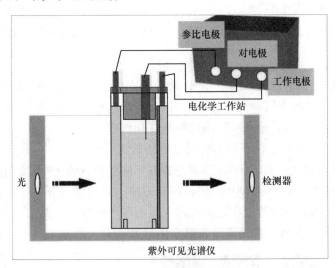

图 3-14　光谱电化学装置图

3. 电化学工作站选择STEP程序：低电位0V，高电位0.8V，梯度时间30s，循环10次。同时，紫外可见光谱仪选择固定波长为700nm，基于电化学工作站-紫外可见光谱联用原位测试聚苯胺薄膜的透过率变化情况，获得光学对比度、着色时间和褪色时间等数值。

六、实验结果和数据处理

1. 苯胺电化学聚合 CV 曲线数据分析

图3-15为苯胺电化学聚合CV曲线图，第一圈CV曲线在正扫到约1Vvs. Ag/AgCl时，电氧化电流开始迅速上升，表明该电位是苯胺聚合的起始氧化聚合电位，因此在设置CV参数时高电位必须要超过起始氧化聚合电位，否则电化学聚合无法发生。随着扫描圈数的增大，CV曲线的面积随之增大，表明ITO表面聚苯胺的量/厚度逐渐增大。

2. 聚苯胺薄膜在空白溶液中的 CV 曲线数据分析

聚苯胺薄膜在0.5mol/L H_2SO_4空白溶液中的CV曲线出现多对氧化还原峰（图3-16），代表聚苯胺在不同电位下发生的氧化还原反应，聚苯胺结构发生可逆变化，同时伴随掺杂离子的可逆吸脱附过程。

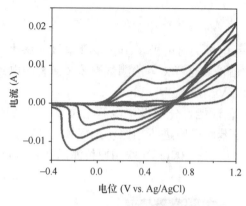

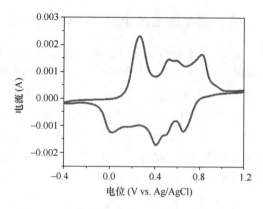

图 3-15　苯胺电化学聚合 CV 曲线　　图 3-16　聚苯胺薄膜在空白溶液中的 CV 曲线

3. 不同电位下聚苯胺薄膜的颜色数据分析

如图 3-17 所示，在不同电位下电解 100s 后，聚苯胺薄膜的颜色从淡黄色（0Vvs. Ag/AgCl）逐渐向绿色（0.4Vvs. Ag/AgCl）、蓝色（0.8Vvs. Ag/AgCl）发生转变，并且伴随电位的改变，聚苯胺薄膜的颜色变化可逆。

4. 聚苯胺薄膜在不同电位下的紫外可见光谱数据分析

利用光谱电化学联用技术，测得聚苯胺薄膜在不同电位下的紫外可见光谱（图 3-18），可以观察到聚苯胺薄膜在 400～1100nm 波长区间范围内的吸收光谱随着电位的改变发生明显的变化，吸收光谱曲线的改变在宏观上即表现为颜色的变化。其中，可以观察到在固定波长为 700nm 处聚苯胺薄膜的光谱吸收值变化最大。

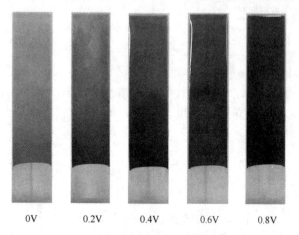

图 3-17　聚苯胺薄膜在不同电位
下的光学数码照片

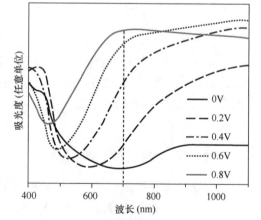

图 3-18　聚苯胺薄膜在不同电位下的
紫外可见光谱图

5. 聚苯胺薄膜电致变色光学对比度和响应时间数据分析

利用光谱电化学联用技术，固定波长 700nm，测得聚苯胺薄膜在 0Vvs. Ag/AgCl 和 0.8Vvs. Ag/AgCl 反复阶跃的透过率-时间曲线图（图 3-19），可以观察到 0V（颜色：淡绿色）和 0.8V（颜色：蓝色）电位下聚苯胺薄膜呈现明显不同的透过率，二者透过率的差值即为聚苯胺薄膜电致变色的光学对比度（42.7%）。通过放大其中一段曲线，可以计

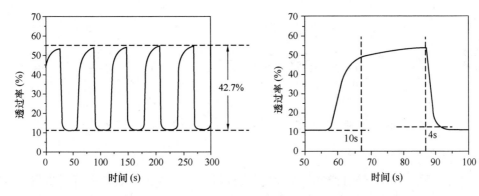

图 3-19　在 0V 和 0.8V 反复阶跃的聚苯胺薄膜的透过率-时间曲线图

算得到聚苯胺薄膜的着色时间约为 4s，褪色时间约为 10s。

七、思考题

1. 聚苯胺在空白溶液中的 CV 曲线出现多对氧化还原峰分别代表什么过程？
2. CV 扫描过程中，聚苯胺薄膜经历怎样的颜色变化？
3. 颜色变化对应聚苯胺怎样的结构转变？
4. 如何提高聚苯胺薄膜的光学对比度和响应时间？

实验 7　壳聚糖-甘油磷酸钠温敏水凝胶的制备与力学性能测试

一、实验目的

1. 掌握壳聚糖-甘油磷酸钠温敏水凝胶的制备原理。
2. 掌握壳聚糖-甘油磷酸钠温敏水凝胶的制备方法及步骤。
3. 了解水凝胶成胶时间的判断方法。
4. 掌握利用流变仪表征水凝胶力学性能的方法。

二、实验原理

1. 壳聚糖

壳聚糖（Chitosan，CS），又名脱乙酰甲壳素，是自然界广泛存在的甲壳素（Chitin）通过脱乙酰作用得到的，属于高分子直链型多糖，是自然界唯一的碱性多糖（图 3-20）。甲壳素，又名甲壳质、几丁质，化学名称（1，4）-2-乙酰氨基-2-脱氧-β-D-葡聚糖，是一种天然高分子多糖，大量存在于海洋节肢动物，如虾、蟹的甲壳之中，也存在于菌类、昆虫类、藻类细胞膜和高等植物的细胞壁中。

2. 甘油磷酸钠

β-甘油磷酸钠（β-Glycerophosphate，β-GP）为无色结晶或白色结晶状粉末，无臭，味咸；在水中易溶，在乙醇或丙酮中不溶（图 3-21）。在医疗上，甘油磷酸钠为成人静脉营养的磷补充剂，用以满足人体每天对磷的需要。

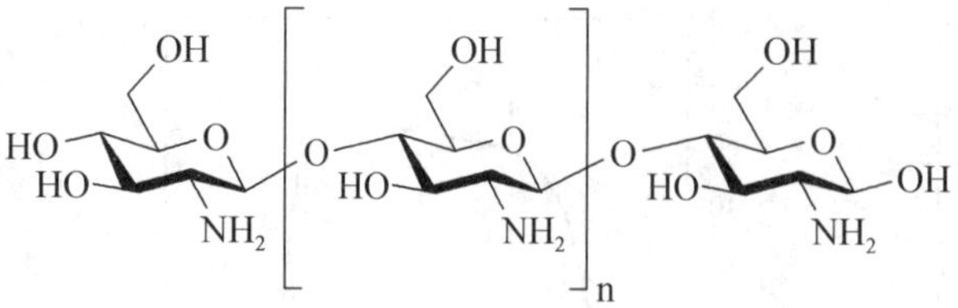

图 3-20　壳聚糖的结构示意图

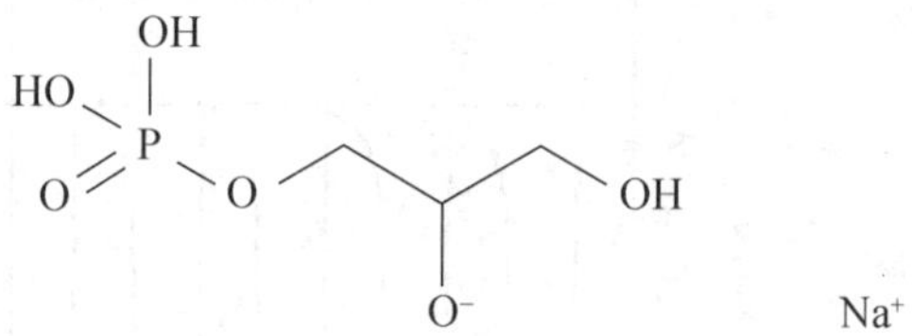

图 3-21　甘油磷酸钠的结构示意图

3. 温敏水凝胶

在众多不同类型的支架材料中，水凝胶（Hydrogel）由于其具有良好的生物相容性，易于大批量制备和合成，物理化学性质便于改造，被作为支架材料广泛地应用于药物递送、组织工程和再生医学领域。水凝胶是交联的具有三维（Three Dimensional，3D）网络结构的亲水聚合物，其含水量很高（可达 98%），孔径多介于 $10\sim100\mu m$ 之间。

刺激响应性水凝胶被认为是一种智能的药物递送系统，可以控制药物释放的时间和位置，有效确保药物稳定性。其中温敏性水凝胶可感知局部温度变化，一旦达到所需温度，可快速形成水凝胶，这个过程称为溶胶-凝胶转变（Sol-Geltransition）。近年来，温敏水凝胶由于其可原位成胶、生物降解性好、持续地释放药物而成为备受关注的药物载体之一。

4. 壳聚糖-甘油磷酸钠温敏水凝胶的成胶机理

在酸性环境中，壳聚糖分子链段上的氨基发生质子化从而带正电荷，分子内氢键和立体规整性被破坏。壳聚糖链之间形成静电排斥力，水分子位于壳聚糖链之间并形成规则排列，链段充分伸展而溶解。加入 β-甘油磷酸钠后，带正电荷的壳聚糖与磷酸基团的负电荷形成静电相互吸引作用，同时还存在疏水相互作用等弱的作用力。随着温度的升高，壳聚糖-甘油磷酸钠达到凝胶-溶胶转变点从而形成水凝胶。

5. 壳聚糖-甘油磷酸钠温敏水凝胶的表征

水凝胶的力学性能常使用流变仪进行测试，流变学测试结果反映储能模量（G'）与损耗模量（G''）随剪切应力、频率、温度等的变化规律，以此研究水凝胶的流变行为。当 G' 小于 G'' 时，材料发生的是黏性形变，表征的是材料的类液体行为；当 G' 大于 G'' 时，材料发生的是弹性形变，表征的是材料的类固体行为。通过流变学测试，可以得知材料的凝胶-溶胶转变过程和成胶机理情况。

三、实验仪器和试剂

1. 实验仪器

制冰机，水浴锅，恒温磁力搅拌器，精密电子天平，量筒，烧杯，样品瓶，流变仪。

2. 实验试剂

壳聚糖，β-甘油磷酸钠，稀盐酸，去离子水。

四、实验步骤

1. CS 的称量和溶解：准确称量 0.5g 的 CS 粉末至烧杯中，然后加入 20mL 的浓度为 1% 乙酸水溶液中，搅拌至完全溶解备用。

2. β-GP 溶液的配制：准确称量 3.5g 的 β-GP 粉末至烧杯中，然后加入 5mL 去离子水中，搅拌至完全溶解备用。

3. 于冰水浴中，取 5mL CS 溶液于小瓶中，搅拌 30min，搅拌速度为 500rpm/min。

4. 逐滴加入 1mL 浓度为 70% 的 β-GP 溶液，观察反应过程中没有絮状沉淀产生，搅拌 30min 后使之充分混合。

5. 将该混合溶液置入 10mL 的透明样品瓶中，放入 37℃ 恒温水浴锅中，利用瓶翻转法测定凝胶形成的时间，即每隔 1min 倒置样品瓶，当瓶中的液体流动状态变为不再流动的凝胶固体时，记录时间，每组重复测量三次。得到的即为壳聚糖/β-甘油磷酸钠水凝胶，记为 CS/GP。

6. 流变学测试：采用 Anton Paar MCR52 流变仪对样品进行温度扫描和频率扫描。

（1）温度扫描：将溶液状态下的水凝胶滴加到 Anton Paar MCR52 流变仪上，选用 CP50-1 平行板，将频率设为 1Hz，应变设为 1%，温度扫描范围设为 20～80℃，升温速率为 5℃/min，得到储能模量 G' 和损耗模量 G'' 与温度的关系。

（2）频率扫描：将凝胶状态下的水凝胶放置到 Anton Paar MCR52 流变仪上，选用 CP50-1 平行板，将应变设为 1%，温度设为 37℃，频率扫描范围设为 0.01～10Hz，得到储能模量 G' 和损耗模量 G'' 与频率的关系。

五、注意事项

1. 壳聚糖溶液的黏度较大，开始做溶解操作时宜选用较大号的磁子及调整磁力搅拌器的速度，使其完全溶解。

2. 制冰机制冰需要一段时间，在实验开始前应提前打开制冰机。

3. 瓶翻转法只能粗略地测试水凝胶的成胶时间，而流变仪可以较精确地记录水凝胶的相转变温度及时间。

4. 每次做完流变学实验后，装置和转子要清洗干净。

5. 在科研实验过程中，使用流变仪进行频率扫描和温度扫描实验前，应先进行动态应变扫描实验，以确定水凝胶的线性黏弹区域，选择合适的应变值。

六、实验结果和数据处理

通过瓶倒置法可以粗略查看水凝胶成胶情况及成胶时间，随后使用流变仪测试会得到温敏水凝胶成胶过程中的详细参数，如相转变时间、储能模量 G' 和损耗模量 G'' 等。这里对流变学得到的结果进行详细介绍。

流变仪的两项测试分别是温度扫描实验和频率扫描实验。

（1）温度扫描实验

温度扫描实验可以通过对储能模量 G' 和损耗模量 G'' 的变化，测定温敏水凝胶成胶时的温度，如图 3-22 所示。

前面的原理部分讲到，当 G' 小于 G'' 时，表明此时材料处于类液体状态；当 G' 大于 G'' 时，表明此时材料处于类固体状态。从图 3-22 可以看出，在低温区域，G' 小于 G''，壳聚糖-甘油磷酸钠仍保持液体状态，当溶液温度升高到 40℃ 左右时，两条线开始出现交叉点，即 G' 等于 G''，此时对应的温度为相转变温度，也就是壳聚糖-甘油磷酸钠温敏水凝胶的成胶温度，图 3-22 中为 40.5℃，从此后 G' 始终大于 G'' 时，水凝胶的状态保持不变。

（2）频率扫描实验

在频率扫描中，随着扫描频率的增加，水凝胶所受到了机械剪切力也随之增大，由此储能模量 G' 可反映出水凝胶的机械强度，结果如图 3-23 所示。

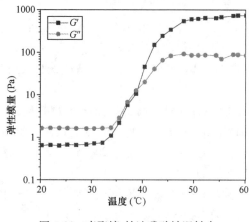

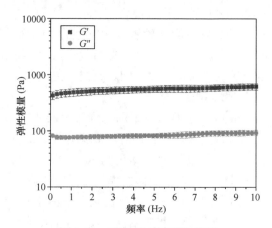

图 3-22　壳聚糖-甘油磷酸钠温敏水
凝胶的温度扫描结果图

图 3-23　壳聚糖-甘油磷酸钠温
敏水凝胶的频率扫描结果图

从图 3-23 可以看到，随着频率的增加，G' 始终大于 G'' 时，壳聚糖-甘油磷酸钠温敏水凝胶保持类固体行为，说明制备的温敏水凝胶内部结构稳定，可以在常温下保存使用。

七、思考题

1. 壳聚糖-甘油磷酸钠温敏水凝胶的自凝化机理是什么？
2. 壳聚糖和 β-GP 溶液的浓度配比、pH 值对温敏水凝胶的理化性能有何影响？

八、参考资料

［1］ Chenite A，Chaput C，Wang D，et al. Novel injectable neutral solutions of chitosan form biodegradable gels in situ［J］. Biomaterials，2000，21(21)：2155-2161.

［2］ Rahmanian-Devin P，Baradaran Rahimi V，Askari V R. Thermosensitive chitosan-β-glycerophosphate hydrogels as targeted drug delivery systems：An overview on preparation and their applications［J］. Advances in Pharmacological and Pharmaceutical Sciences，2021，2021：1-17.

［3］ Wu L，Wu Y，Che X，et al. Characterization，antioxidant activity，and biocompatibility of selenium nanoparticle-loaded thermosensitive chitosan hydrogels［J］. Journal of Biomaterials Science，Polymer Edition，2021，32(10)：1370-1385.

实验 8　磁控溅射制备氮化钛薄膜的基本原理和实验

一、实验目的

1. 了解磁控溅射制备氮化钛薄膜的原理。
2. 了解氮化钛薄膜的性质和应用。
3. 了解磁控溅射装置的基本构造和基本流程。

二、实验原理

1. 仪器构造

总体来讲，磁控溅射薄膜沉积系统包括：气路、真空系统、循环水冷却系统、控制系统。

（1）气路系统与 PECVD 系统类似，磁控溅射系统应包括一套完整的气路系统。但是，与 PECVD 系统不同的是，PECVD 系统气路中为反应气体的通道。而磁控溅射系统气路中一般为 Ar、N_2 等气体。这些气体并不参与成膜，而是通过发生辉光放电现象将靶材原子轰击下来，使靶材原子获得能量沉积到衬底上成膜。

（2）真空系统与 PECVD 系统类似，磁控溅射沉积薄膜前需要将真空腔室抽至高真空。因此，其真空系统也包括机械泵、分子泵这一高真空系统。

（3）循环水冷却系统在工作过程中，一些易发热部件（如分子泵）需要使用循环水带走热量进行冷却，以防止部件损坏。

（4）综合控制 PECVD 系统各部分协调运转完成薄膜沉积，一般集成与控制柜。

2. 磁控溅射沉积薄膜原理（图 3-24）

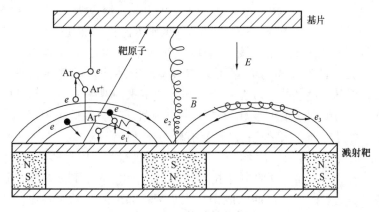

图 3-24　磁控溅射示意图

在阳极（除去靶材外的整个真空室）和阴极溅射靶材（需要沉积的材料）之间加上一定的电压，形成足够强度的静电场。然后在真空室内通入较易离子化的惰性 Ar 气体，在静电场 E 的作用下产生气体离子化辉光放电。Ar 气体电离并产生高能的 Ar 阳离子和二次电子 e。高能的 Ar 阳离子由于电场 E 的作用会加速飞向阴极溅射靶表面，并以高能量轰击靶表面，使靶材表面发生溅射作用。被溅射出的靶原子（或分子）沉积在基片上形成薄膜。

由于磁场 B 的作用，一方面在阴极靶的周围，形成一个高密度的辉光等离子区，在该区域电离出大量的 Ar 离子来轰击靶的表面，溅射出大量的靶材粒子向工件表面沉积；另一方面，二次电子在加速飞离靶表面的同时，受到磁场的洛伦兹力作用，以摆线和螺旋线的复合形式在靶表面作圆周运动。随着碰撞次数的增加，电子的能量逐渐降低，到达基片后的能量很小，故基片的温升较低。当溅射量达到一定程度后，靶表面的材料也就被消耗掉，形成拓宽的溅蚀环凹状区。

3. 氮化钛薄膜的性质和应用

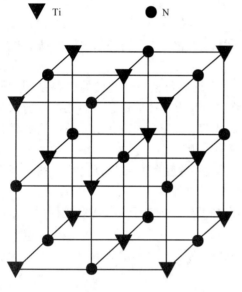

图 3-25　TiN 的晶体结构

通常情况下，TiN 的晶体结构（图 3-25）以面心立方结构为稳定态结构，粉末一般呈黄褐色，超细 TiN 粉呈黑色，而 TiN 晶体则呈金黄色，具有金属光泽，属于典型的 NaCl 型结构，晶格常数为 0.4238nm，N 原子占据面心立方的角顶，Ti 原子占据面心立方的 (1/2, 0, 0) 位置，其 N 含量可在一定范围内变化而不引起氮化钛的结构发生变化。由于 TN、TiC、TiO 三者的晶格常数非常接近（分别为 0.4238nm、0.4327nm、0.4180nm），所以 TiN 中的 N 原子经常被 C 原子、O 原子以任意比例取代形成连续固溶体。其中 Ti 原子占据 fcc 晶格位置，而 N 原子则占据 fcc 晶格的八面体间隙位置。室温下薄膜的晶格常数为 $a=0.424$nm，熔点为 295℃。一般说来，TiN 是一个非定比相，确切来说应该写成 TiN_x 的形式，N 含量在 38％以上时，都可划分为单一 TiN 相，并且其 N 含量的上限未知。因此，TiN 相中 N 元素的原子百分含量可以有波动。TiN 薄膜的显微硬度 HV 为 740～4000kg/mm，说明其硬度性能可以在一个相当大的范围内改变，TiN 薄膜中 N 含量可以有较大变动所引起的硬度性能的变化可能是主要因素之一。因此可以推测，TiN 薄膜中氮钛元素的原子百分含量之比对其物理性能有较为显著的影响。

TiN 薄膜的研究工作早在 20 世纪 60 年代已开始进行，但因材料和器件制备困难，使研究工作一度转入低潮。随着薄膜制备技术的提高，国内外对 TiN 薄膜的研究工作又开始活跃，制备方法也多样化，目前已取得很大进展。TiN 薄膜的制备方法主要可分为物理气相沉积、化学气相沉积两大类。

TiN 薄膜可以减轻切削刃边材料的附着，提高切削力，改善工件的表面质量，成倍增加切削工具的使用寿命和耐用度。因此，TiN 薄膜被广泛用于低速切削工具、高速钢切削、木板切削刀具和钻头的涂覆。另外，TiN 也是磨损部件的理想耐磨涂层，特别是由于其低的黏着倾向拓宽了在磨损系统中的应用，如汽车发动机的活塞密封环、各种轴承和齿轮等。此外，TiN 还广泛应用于成型技术工具涂层，如汽车工业中薄板成型工具的涂层等。

三、实验仪器及材料

磁控溅射仪器、载玻片、钛靶材。

四、实验步骤

1. 首先仔细检查各阀门是否处于关闭状态；检查各连接处螺栓是否拧紧；检查各水路是否已经打开和畅通；检查各电路是否连接好；检查机柜内电闸是否合上。确认后按总电源"开"按钮，总电源指示灯变亮，打开总电源。

2. 按机械泵"开"按钮（此时机械泵指示灯变亮），开启机械泵对真空室进行抽气。

3. 打开旁抽阀，启动旁轴泵。

4. 待旁抽泵启动 1～2min 后，按真空计电源"开/关"按钮，显示系统当前的真空度。

5. 待系统的真空度降到 10Pa 以下时，关闭旁抽阀。

6. 打开前级阀对分子泵前级进行抽气。

7. 待前极阀打开 1min 左右后，按下"分子泵"按钮，（此前一定要将分子泵控制电源打开），此时控制电源显示屏会显示追踪频率。

8. 待分子泵控制电源显示屏上显示的频率为 100Hz 以上时，摇开闸板阀，系统开始高真空抽气。

9. 待系统的真空度达到要求后，开气体阀，通入气体并维持真空 10Pa。

10. 打开射频电源，计时镀膜。

11. 关机。

（1）关闭真空计。

（2）关闭闸板阀。

（3）关闭分子泵。

（4）待分子泵控制电源显示屏显示频率为"0"时，关闭前级阀。

（5）关闭机械泵。

（6）按总控电源的"关"按钮，总电源指示灯熄灭，总电源断电。

（7）关闭冷却水路。

（8）按下急停按钮，整台设备断电。

（9）打开放气阀，使真空室暴露在大气下。

五、实验报告的内容和要求

1. 磁控溅射的基本概念及磁控溅射镀氮化钛薄膜的基本原理。

2. 样品制备和实验过程。

3. 对测试结果的数据进行分析。

实验 9　无机复合材料的成型加工及拉伸和冲击性能实验

一、实验目的

1. 掌握移动螺杆式注射机的结构特点及操作程序。
2. 了解注射成型的实验技能及标准测试样条的制作方法。
3. 了解注射成型工艺条件的确定及其与注射制品质量的关系。
4. 掌握拉伸强度的测定方法。
5. 了解拉伸试验机的基本结构和工作原理。
6. 熟悉材料冲击性能测试的方法、操作及其实验结果处理。
7. 了解测试条件对测定结果的影响。

二、实验原理

1. **材料注塑成型实验**

注射成型是将粒状或粉状塑性材料加入到注射机的料筒，经加热熔化后呈流动状态；然后，在注射机的移动螺杆快速而连续的推动下，从料筒前端的喷嘴中以高压和高速注入闭合的模腔中；最后，充模的熔体在受压情况下进行冷却固化，开模顶出后得到相应的注塑制品。

注射成型设备结构主要由注射装置、合模装置、传动装置、控制机构、模具等组成（图 3-26）。

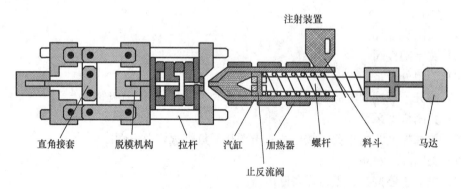

图 3-26　注射成型设备结构

粒状塑性材料到样条成品的注射成型过程包括加料、塑化、充模、保压、冷却、脱模等步骤。在一个周期内，注塑机的动作过程：①锁模→②开机时注射座前进，关机时注射坐后退→③射胶→④熔胶→⑤冷却→⑥开模→⑦顶出产品→⑧取出制品→⑨顶杆退回，从而完成一个产品手动成型工序。

注射成型的工艺参数主要包括：料筒温度、喷嘴温度、模具温度、塑化压力、注射压力、时间（成型周期）等。

2. **材料拉伸性能测试实验**

塑料的拉伸性能是塑料力学性能中最重要、最基本的性能之一。在规定的试验温度、湿度与拉伸速度下，拉伸试验是对试样沿长度方向施加静态拉伸负荷，使其破坏，通过测量试样的破坏力和试样标距间的伸长来求得试样的拉伸强度和伸长率。不同材料的断裂过程有不同的应力应变曲线（图 3-27）。

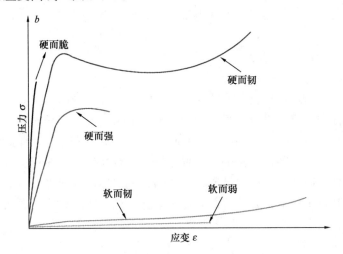

图 3-27　不同材料的应力应变曲线

按照国家标准 GB/T 1040.2—2006《模塑和挤塑塑料的试验条件》进行实验条件的设定。拉伸试验共有 4 种类型的试样型号，采用的 Ⅰ 型试样（图 3-28）。

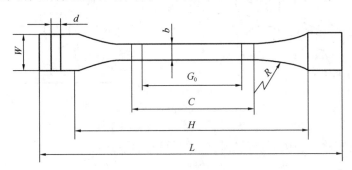

图 3-28　Ⅰ 型拉伸试验试样

表 3-1　图 3-28 字母释义

符号	名称	尺寸	公差	符号	名称	尺寸	公差
L	总长（最小）	150	—	W	端部宽度	20	±0.2
H	夹具间距离	115	±5.0	d	厚度	(4)	—
C	中间平行部分长度	60	±0.5	b	中间平行部分宽度	10	±0.2
C_0	标距（或有效部分）	50	±0.5	R	最小半径	60	±

拉伸速度共有 9 种（mm/min），A：$1\% \pm 50\%$，B：$2\% \pm 20\%$，C：$5\% \pm 20\%$，D：$10\% \pm 20\%$，E：$20\% \pm 10\%$，F：$50\% \pm 10\%$，G：$100\% \pm 10\%$，H：$200\% \pm 10\%$，I：$500\% \pm 10\%$。硬而脆的塑料对拉伸速度比较敏感，一般采用较低的拉伸速度。

韧性塑料对拉伸速度的敏感性小，一般采用较高的拉伸速度，以缩短试验周期，提高效率。

拉伸设备主要由主机、电控系统、微机软件和夹具等组成。当试样受力拉伸时，力的大小和材料的伸长率由传感器感量输入电脑，经电脑处理同时在屏幕上显示出来。每个试样测量结束，电脑自动记录全过程并存入硬盘，试验者需要哪一个试样的应力—应变曲线图，需要哪一个数据，都随时可以得到。

3. 材料抗冲击性能实验

材料抗御外力冲击损坏的能力称为韧度。通过抗冲击实验，可以比较不同的塑料材料，哪些属于韧性的，哪些是属于脆性的。一般冲击强度可用摆锤式冲击实验（包括简支梁型和悬臂梁型）、落球式冲击实验、高速拉伸冲击实验等测试。我国经常使用的是简支梁式摆锤冲击实验，它所测得冲击强度数据是指试样破断时单位面积上所消耗的能量。

基本原理是把摆锤从垂直位置挂于机架的扬臂上以后，此时扬角为 α。它便获得了一定的位能，如任其自由落下，则此位能转化为动能，将试样冲断，摇锤以剩余能量升到某一高度，升角为 β（图 3-29）。

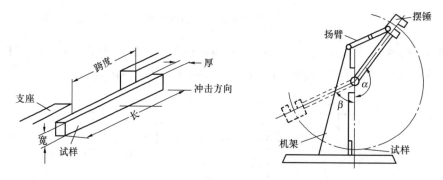

图 3-29　抗冲击实验原理

在整个冲击实验中，按照能量守恒的关系可写出下式：

$$A = mg(h_\circ - h) = m_g L(\cos\alpha - \cos\beta)$$

式中：m_g——冲锤重力；

α——冲锤冲前的扬角；

β——冲锤冲后的扬角；

L——冲锤摆长；

A——冲断试样所消耗的能量。

除 β 外均为已知数；故根据摆锤冲断试样后升角 β 的大小，即可绘制出读数盘，由读数盘可以直接读出冲断试样时消耗的能量的数值。将此能量除以试样的横截面积，即材料的冲击强度 σ_1（KJ/m^2）。

按照国家标准 GB/T 1043.1—2008《塑料　简支梁冲击性能的测定》进行实验条件的设定。试样包括注塑标准试样、板材试样等，其中注塑标准试样表面应平整、无气包、裂纹、分层和明显杂质，缺口处应无毛刺。试样类型、尺寸如表 3-2 所示。

表 3-2　试样类型及尺寸

试样类型	长度 l		宽度 b		厚度 d		支撑线间距离 L
	基本尺寸	极限偏差	基本尺寸	极限偏差	基本尺寸	极限偏差	
1	80	±2	10	±0.5	4	±0.2	62
2	50	±1	6	±0.2	4	±0.2	40
3	120	±2	15	±0.5	10	±0.5	70
4	125	±2	13	±0.5	13	±0.5	95

简支梁摆锤冲击实验的基本构造主要由摆锤、支座、能量指示和机体等主要构件组成，能够显示试样破坏过程中所吸收的冲击能量。钳口支距 40mm、70mm、120mm 的试样，其支距要求为 70mm；对于有切口的样条，其缺口背向冲锤，缺口位置与冲锤对准。

三、实验仪器和材料

1. 实验仪器

TD-800 注塑机、UTM6104 电子万能试验机、JB-50 简支梁冲击试验机、游标卡尺。

2. 材料

聚丙烯粒料、玻纤增强聚丙烯粒料、橡皮筋、记号笔。

四、实验步骤

（一）材料注塑成型实验

1. 准备操作

（1）合上机器上总电源开关，检查机器有无异常现象。

（2）根据使用原料的要求来调整料筒各段的加热温度，打上电热开关，同时把喷嘴温度调节器调整到所需的温度刻度，开始预热，预热时间应为 30～45min。

（3）按要求配好原料，给料斗加足原料。

（4）打开机器冷却水总进出阀、油泵冷却水阀和螺杆进料段冷却水阀。

（5）拔上电源开关，旋起急停按钮，启动油泵马达，把模具打开，然后检查模具的清洁情况，并及时清除模具上的防锈剂、水、胶料和其他杂物等。

2. 制样操作

（1）启动油泵马达，关上安全门，手动测试开关模、托模进退、座台进退等功能是否正常。

（2）检查各限位开关的定位是否适合，必要时可稍做调整。

（3）经过充分预热后，检查各加热段的温度是否已达到设定值。

（4）按座台退开关，使注射座退到停止位置上，然后按射出开关，检查射出来的胶料的熔合情况。

（5）按座台进开关，使注射座进到停止位置上，使喷嘴紧顶模具的浇口上，按半自动开关，机器开始半自动运行。

（6）在样条质量稳定后，开启全自动模式。

3. 停机操作

（1）先设置成半自动模式，再开到手动模式。

（2）清洁模具，必要时可向模具喷上防锈剂，然后把模具合上。关油泵，关水电。

（3）整理好成品，搞好清洁卫生。

（二）材料抗拉伸性能测试实验

1. 准备操作

（1）开机。先开试验机再开计算机。每次开机后，最好要预热 10min，待系统稳定后，再进行试验。

（2）准备好楔形拉伸夹具。若夹具已安装到试验机上，则对夹具进行检查，并根据试样的长度及夹具的间距设置好限位装置。

（3）点击桌面上的应用程序图标，在设置界面进行条件设置，设置好后进入测试界面。

2. 测试操作

（1）试样的状态调节和试验环境按照国家标准进行。

（2）在试样中间平行部分做标线，示明标距。

（3）测量试样中间平行部分的厚度和宽度，精确到 0.02mm，测 3 点，取算术平均值。

（4）夹具夹持试样时，要使试样纵轴与上下夹具中心连线重合，且松紧适宜。先搬动上夹具的上扳把，使钳口张开适当的宽度，大于所装试样的厚度即可；将试样一端放入上夹具钳口之间，并使试样位于钳口的中央，松开上搬把，将试样上端夹紧。在夹好试样一端后，将力值清零，再夹另一端。

（5）将大变形的上下夹头夹在试样的中部，并保证上下夹头之间的顶杆接触，以保证试样原始标距正确。本实验顶杆的间距设置为 50mm。

（6）选定试验速度，进行试验。

（7）记录断裂负荷及断裂伸长，计算断裂强度和断裂伸长率。试样断裂在中间平行部分之外时，此试样作废，另取试样补做。

3. 关机操作

（1）关闭试验窗口及软件。关机顺序：试验软件→试验机→计算机。

（2）关闭总电源，清理实验场地。

（三）材料拉冲击性能测试实验

1. 准备操作

（1）熟悉设备，检查机座是否水平。

（2）根据试样破坏时所需的能量选择摆锤，使消耗的能量在摆锤总能量的 10％～85％范围内。

2. 测试操作

（1）对于无缺口试样，分别测量试样中部边缘和试样端部中心位置的宽度和厚度（4个位置），并取其平均值为试样的宽度和厚度，准确至 0.02mm。

（2）调节能量度盘指针零点，使它在摆锤处于起始位置时与主动针接触。

（3）接通电源，使摆锤释放按钮处于工作状态。

（4）抬起并锁住摆锤，把试样按规定放置在两支撑块上，试样支撑面紧贴支撑块，使冲击刀刃对准试样中心、缺口试样刀刃对准缺口背向的中心位置。

（5）平稳释放摆锤，从度盘上读取试样吸收的冲击能量。

（6）计算每个试样的冲击强度，并取其算术平均值。

3. 关机操作

切断电源，清理实验场地。

五、注意事项

（一）材料注塑成型实验

1. 未经实验室工作人员同意，不得操作注射机。

2. 未经实验室工作人员同意，不得随意修改注射机仪表上的阀门或开关。

3. 不能用金属工具接触模具。

（二）材料拉伸性能测试实验

1. 试验前对试样的处理、试验环境条件以及试验速度的选择，都要严格按标准规定进行。

2. 由于力学试验影响因素多，结果的重现性较差，要特别注意制样时方法、工艺、设备、工具的一致。

（三）材料抗拉冲击性能实验

1. 摆锤举起后，人体各部分都不要伸到摆锤下面及起始处，冲击实验时避免样条碎块伤人。

2. 扳手柄时，用力适当，切忌过猛。

六、实验结果和数据处理

各指标均需根据样品的数量求相应的平均值和标准方差，并讨论实验参数对实验结果的影响。

$$X = \frac{\sum X_i}{n}, \ S = \sqrt{\frac{\sum (X_i - X)^2}{n - 1}}$$

式中：X_i——单个测定值；

X——算术平均值；

S——标准方差；

n——测定值个数。

（一）材料注塑成型实验

测量注射模腔的单向长度 L_1（拉伸样条模腔长度＝150mm），测量注射样品在室温下放置 24h 后的单向长度 L_2（mm），计算成型收缩率。

收缩率％＝（$L_1 － L_2$）/$L_1 \times 100\%$

（二）材料拉伸性能测试实验

1. 拉伸强度按下式计算

$$\sigma t = F/bd$$

式中：σt——拉伸强度或拉伸断裂应力等，MPa；

F——最大负荷，N；

b——试样宽度，mm；

d——试样厚度，mm。

2. 断裂伸长率按式计算

$$\varepsilon t = (L - L_0)/L_0 \times 100\%$$

式中：εt——断裂伸长率，%；

L_0——试样原始标距，mm；

L——试样断裂时标线间距离，mm。

（三）材料拉冲击性能测试实验

1. 无缺口试样简支梁冲击强度 σ_1（kJ/m²）

$$\sigma_1 = \frac{A}{bd}$$

式中：A——试样吸收的冲击能量，J；

b——试样宽度，mm；

d——试样厚度，mm。

2. 缺口试样简支梁冲击强度 σ_i（kJ/m²）

$$\sigma_i = \frac{A}{b\,d_1}$$

其中 d_1 为缺口试样缺口处剩余厚度（0.8×d），mm。

七、思考题

1. 材料注射成型与哪些因素有关？
2. 材料拉伸强度实验中，温度和拉伸速度对结果有何影响？
3. 材料冲击强度实验中，影响实验结果精度的因素有哪些？
4. 比较两种不同材料的样条在形态和尺寸，发现有什么区别。
5. 比较两种不同材料样的力学性能有什么不同，是什么原因造成的？

八、参考资料

[1] 梁明昌. 注塑成型实用技术 [M]. 沈阳：辽宁科学技术出版社，2010.

[2] 谭寿再，何国山，潘永红. 塑料测试技术 [M]. 北京：中国轻工业出版社，2013.

实验 10   钛基氧化锡电极的制备及其电催化性能研究

一、实验目的

1. 掌握钛基氧化锡阳电极的基本涂敷烧结工艺。
2. 理解电极组分对阳电极的电化学性能的影响。

二、实验原理

随着人们环保意识的增强，各国对污染物排放的限制标准越来越严格，社会对更为环保高效的工业难降解有机废水处理技术的需求越来越迫切。传统的生物处理方法在处理含有生物难降解有机污染物或生物毒性污染物的废水时，面临着极大挑战。作为新型的高级氧化技术（AOP）之一，电化学水处理技术以其"环境友好"和占地面积小的特点，正日益引起研究者的关注，并且电化学水处理技术既可以作为一种单独的处理技术将有机物彻底无机化，也可以作为生物处理技术的预处理方法将难生物降解物质转变为可以生物降解的物质。

1. 电化学氧化

电化学氧化是一种高级氧化技术，利用电化学方法将有机污染物直接在阳极失去电子而发生氧化，将水体中的有机物进行强氧化降解。电化学氧化主要包括电化学转换和电化学燃烧两种作用机制。前者是把有毒物质转变为无毒物质、把难生化的有机物转化为易生化的物质（如芳香物开环氧化为脂肪酸），以进一步实施生物处理；而后者的反应更彻底，即直接将污染物深度氧化为 CO_2。研究表明，有机物在氧化物阳极上的氧化反应机理和产物与阳极金属氧化物的价态和种类有关。在反应中，金属氧化物 MO_x 阳极上能够生成的较高价金属氧化物 MO_{x+1}（晶格氧），有利于有机污染物选择性氧化生成含氧化合物；而在 MO_x 阳极上生成自由基，则有利于有机物氧化燃烧生成 CO_2。

由于电化学过程基于电极表面反应，因此制备开发高性能、低成本电极材料是电化学氧化技术实现规模化应用的关键。当前电化学氧化阳极电极材料仍面临挑战。通过提高工作时的电极电位，可以有效提升可处理的种类和处理效率，但是随着工作电位接近析氧电位，水分子被电解，阳极上大量氧气的析出。氧析出过程会消耗大量的电能，降低电解池的电流效率，此外电极反应的析氧过程和电化学氧化过程存在竞争性关系，因此需要寻找具有较高析氧电位的阳极材料。

2. 锡-钛电极简介

钛是一种稀有金属，因其耐腐蚀、化学性质稳定、廉价易得、涂层和基体之间结合的很牢固，钛金属十分适宜作电极的基体；而 SnO_2 是一种 n 型氧化物半导体材料，具有良好的电化学活性和对强酸碱的耐腐蚀性。利用 SnO_2 涂层制备的钛基二氧化锡电极因其析氧电位高、导电性能好、电催化活性强、高电流密度和低成本等优点，广泛应用于各相关领域，尤其是处理工业废水。

锡-钛电极的常规制备方法包括电沉积法、涂覆法、热浸法、溶胶凝胶法等。其中，热浸法通过在预处理过后的钛电极表面均匀涂上 SnO_2 前驱体溶液，蒸发掉溶剂后在马弗炉里煅烧，经反复涂刷、烘干、烧结来制备。通过对 SnO_2 涂层材料进行元素掺杂等手段进行改性，还能够有效提升其电化学氧化效率和析氧电位。

三、实验仪器及材料

1. 实验仪器

烘箱，马弗炉，恒温磁力搅拌器，辰华电化学工作站，精密电子天平，量筒，烧杯。

2. 材料

无水乙醇（C_2H_6O），五水氯化锡（$SnCl_4 \cdot 5H_2O$），三氯化锑（$SbCl_3$），氯化镍（$NiCl_2 \cdot 6H_2O$），钛片，草酸，硫酸钠。

四、实验步骤

（一）试样制备

1. 钛片预处理

为了去除钛金属表面的钝化膜和在加工过程中表面沾染的油污，需对钛基表面进行预处理。将裁剪好的钛首先用 220 号粗砂纸打磨至表面光亮，接着用 1200 号细砂纸打磨成光亮。然后将打磨好的钛放入 10％的草酸溶液中煮沸 0.5h 后，使其表面呈均匀灰色麻面，取出用无水乙醇浸泡，最后用蒸馏水多次清洗，烘箱烘干待用。

2. 用电子天平称量五水氯化锡（$SnCl_4 \cdot 5H_2O$）10g，三氯化锑（$SbCl_3$）0.3g，倒入烧杯中。

3. 用量筒量取 50mL 的无水乙醇（C_2H_6O），倒入盛有上述称好的化学试剂的烧杯中。

4. 将上述溶液放到磁力搅拌器上搅拌 5～10min，使得溶液混合均匀，得到溶液①。

5. 用电子天平称量五水氯化锡（$SnCl_4 \cdot 5H_2O$）10g，三氯化锑（$SbCl_3$）0.3g、氯化镍（$NiCl_2 \cdot 6H_2O$）0.03g，倒入烧杯中。

6. 用量筒量取 50mL 的无水乙醇（C_2H_6O），倒入盛有上述称好的化学试剂的烧杯中。

7. 将上述溶液放到磁力搅拌器上搅拌 5～10min，使溶液混合均匀，得到溶液②。

8. 将步骤 1 处理好的钛浸入溶液①中，取出后放在表面皿上，将其放入到 110℃的烘箱中，烘烤 10min。

9. 将步骤 8 烘烤好的钛片放入 550℃的马弗炉中，烧结 10min。

10. 重复步骤 8、9，5 次，得到钛基氧化锡电极 1。

11. 将步骤 1 处理好的钛片浸入溶液②中，取出后放在表面皿上，将其放入到 110℃的烘箱中，烘烤 10min。

12. 将步骤 11 烘烤好的钛片放入到 550℃的马弗炉中，烧结 10min。

13. 重复步骤 11、12，5 次，得到钛基氧化锡电极 2。

14. 电极的电化学性能测试。

（二）试样制备

在电化学工作站上，分别对实验制备的电极 1、电极 2 的电化学性能进行考察。测试均采用三电极系统，参比电极为硫酸汞电极，铂电极为辅助电极。对于取研究电极浸入在电解液中的有效工作面积为 $1cm^2$。为使研究电极具有良好的电化学性能，在施加 2V 电压的情况下，对电极电解 5min。

1. 循环伏安曲线测试

（1）利用三电极测量体系，对实验所制备的电极进行循环伏安曲线测试。电解质溶液为 $1mol/L$ H_2SO_4。

（2）设置电化学工作站的测量模式为循环伏安法；参数设置为起始电压为 0V，终止电压为 2.5V，高电压为 2.5V，低电压为 0V，扫描速率为 50～100mV/s，循环次数为 20～50 次。

（3）得到循环伏安曲线后，分析电极析氧电位和电极的寿命变化。

2. 交流阻抗测试

（1）利用三电极测量体系进行交流阻抗测试，电解质溶液为 1mol/L H_2SO_4。

（2）设置电化学工作站的测量模式为交流阻抗法，测试频率范围为 0.1Hz～100kHz，交流幅值为 5mV。

（3）得到交流阻抗曲线，分析所制备的电极的阻抗性能。

五、注意事项

1. 在进行电化学测试前，对电极端面进行打磨，确保电极夹具直接和金属接触。

2. 在电化学测试环节中可以根据电化学工作站的功能，进行恒电流计时电位测试，获得加速电极寿命曲线，以更精确评估电极的实际使用寿命。

3. 交流阻抗测试数据绘制成频率－｜z｜形式（Bode 图），比较掺杂前后涂层电阻率的变化。

六、实验数据和结果

1. 电极的过电位分析

将循环伏安法测得的首圈曲线绘制成"电压-电流"形式，比较两个电极在同一电流密度上过电位上的差别。如图 3-30 所示，Ni 掺杂后电极的过电位低于未掺杂电极，说明其 DER 活性较高。

2. 电极的寿命分析

将样品循环 20 圈后的 CV 曲线绘制成电压-电流形式，比较 2.5V 时两个电极峰值电流的衰减率。图 3-31（a）所示的 Ni 掺杂电极循环 20 圈后，峰值电流由 230mA 下降为 173mA，衰减率 24.7%；图 3-31（b）所示的未掺杂电极循环 20 圈后，峰值电流由

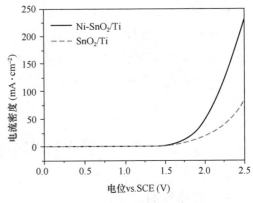

图 3-30　实验中制得电极的
析氧电位比较

80mA 下降为 56mA，衰减率 30%。由此可见，Ni 掺杂提升了电极的寿命造成一定的影响。

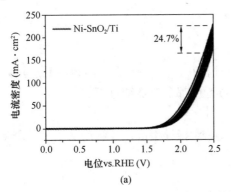

(a)

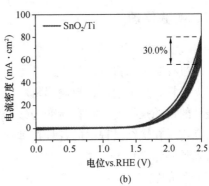

(b)

图 3-31　实验中制得电极的电极寿命比较

3. 电化学阻抗分析

从图 3-32 的阻抗 Bode 图可知，Ni 掺杂后其电化学阻抗显著升高。适当升高的阻抗有利于提高析氧电位，从而降低锡-钛电极的过电位。

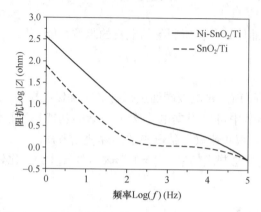

图 3-32　实验中制得电极的阻抗谱（Bode 图）比较

七、思考题

1. 什么是析氧电位，它有何物理化学意义？

2. 为什么在制备钛基氧化锡电极时添加 $SbCl_3$？

3. 往钛基氧化锡电极中添加 Ni 元素后，析氧电位（或过电位）和使用寿命有什么变化？

实验 11　烧结温度的测定实验

一、实验目的

1. 理解烧结的定义和机理。

2. 了解影响烧结的因素。

3. 掌握烧结陶瓷的基本方法。

二、实验原理

（一）烧结的定义和机理

烧结过程是一门古老的工艺。现在，烧结过程在许多工业部门得到广泛应用，如陶瓷、耐火材料、粉末冶金、超高温材料等生产过程中都含有烧结过程。

烧结的目的是把粉状材料转变为致密体。

研究物质在烧结过程中的各种物理化学变化，对指导生产、控制产品质量、研制新型材料特别重要。

1. 烧结的定义

烧结是压制成型后的粉状物料在低于熔点的高温作用下，通过坯体间颗粒相互黏结和物质传递，气孔排除，体积收缩，强度提高，逐渐变成具有一定的几何形状和坚固整体的致密化过程。这个定义反映了烧结导致的物理性质的变化：体积下降、气孔率下降、强度上升、致密度上升等。缺点是只描述宏观变化，未揭示本质。

烧结是在表面张力作用下的扩散蠕变。这个定义的优点是揭示了本质。缺点是未描述宏观物理性质变化。

烧结的指标：烧结收缩率、强度、实际密度/理论密度、吸水率、气孔率等。

按照烧结时是否出现液相，可将烧结分为两类：固相烧结和液相烧结。固相烧结是指烧结温度下基本无液相出现的烧结，如高纯氧化物之间的烧结过程。液相烧结是指有液相参与下的烧结，如多组分物系在烧结温度下常有液相出现。近年来，在研制特种结构材料和功能材料的同时，产生了一些新型烧结方法，如热压烧结、放电等离子体烧结、微波烧结等。

烧结通过改变材料的化学组成、矿物组成、显微结构（晶粒尺寸分布、气孔尺寸分布、晶界体积分数）等改变材料的结构从而改变材料的性质。现代无机材料，包括功能瓷（热、声、光、电、磁、生物等）和结构瓷（耐磨、弯曲、湿度、韧性等）的重要加工工艺之一就是烧结。

材料的断裂强度可以表达为晶粒尺寸的函数：$\sigma = f\ (G^{-1/2})$，σ 为断裂强度，G 为晶粒尺寸。当晶粒尺寸降低时，材料的断裂强度升高。材料中气孔的大小和分布也会影响材料的强度（应力集中点）、透明度（散射）、铁电性和磁性。

烧结过程中发生颗粒聚集和收缩，随着温度升高，气孔率下降，密度上升，电阻下降，强度升高，晶粒尺寸增大。

2. 烧结机理

烧结是一个自发的不可逆过程，系统表面能降低是推动烧结进行的基本动力。粉状物料的表面自由焓大于多晶烧结体的晶界自由焓。粉体颗粒尺寸很小，比表面积大，具有较高的表面能，即使在加压成型体中，颗粒间接触面积也很小，总表面积很大而处于较高能量状态。根据最低能量原理，它将自发地向最低能量状态变化，使系统的表面能减少。

1μm 材料烧结，自由焓降低 1 卡/g；α 相石英转变成 β 相石英，自由焓降低 200 卡/mol；而一般化学反应，自由焓降低几万卡/mol。可以得知，由于烧结推动力与相变和化学反应的能量相比很小，不能自发进行，必须加热。

用 $\dfrac{\gamma_{GB}}{\gamma_{sv}}$ 来判断烧结的难易程度，其中 γ_{GB} 表示晶界能，γ_{sv} 表示表面能。当 $\dfrac{\gamma_{GB}}{\gamma_{sv}}$ 越小，越容易烧结，反之越难烧结。例如：Al_2O_3 两者 $\dfrac{\gamma_{GB}}{\gamma_{sv}}$ 较大，易烧结；共价化合物如 Si_3N_4、SiC、AlN 难烧结。

推动力与颗粒细度的关系：颗粒堆积后，有很多细小气孔弯曲表面由于表面张力而产生压力差，当颗粒为球形：$\Delta P = 2\gamma/r$，当颗粒为非球形：$\Delta P = \gamma\left(\dfrac{1}{r_1} + \dfrac{1}{r_2}\right)$。由此可知，粉料越细，由曲率而引起的烧结推动力越大。

单一粉体的烧结机理有可能是气相传质（蒸发-凝聚传质）、扩散传质、流动传质、溶解和沉淀。气相传质指由于颗粒表面各处的曲率不同，由开尔文公式可知，各处相应的蒸气压大小也不同。故质点容易从高能阶的凸处（如表面）蒸发，然后通过气相传递到低能阶的凹处（如颈部）凝结，使颗粒的接触面增大，颗粒和空隙形状改变而使成型体变成具有一定几何形状和性能的烧结体。这一过程也称蒸发-冷凝。

扩散传质是指质点（或空位）借助于浓度梯度推动而迁移的传质过程。对象是多数固体材料，液相不易挥发，其蒸气压低。表面张力引起应力分布的不均匀，由于颈部有一个曲率为 ρ 的凹形曲面，使颈部在张力的作用下并使在该曲面之内有一个负的附加压强（σ_ρ 为张应力）。这必然引起两颗粒接触处有一个压应力（σ_x），分别表示为 $\vec{F}_\rho$ 和 $\vec{F}_x$。无论扩散途径如何，扩散终点一致，即颈部是空位浓度最多的部位。随着烧结的进行，颈部加粗，两颗粒之间的中心距离逐渐缩短，陶瓷坯体同时收缩。

流动传质是指在表面张力作用下通过变形、流动引起的物质迁移。属于这类机理的有黏性流动和塑性流动。黏性流动传质是指在高温下有固体物质在表面张力的作用下发生类似液态物质的黏性流动的传质过程。这种黏性流动服从牛顿型黏性流动液体的一般关系式 $\frac{F}{S}=\eta\frac{\partial v}{\partial x}$。塑性流动传质是指如果表面张力足以使晶体产生位错，这时质点通过整排原子的运动或晶面的滑移来实现物质传递，这种过程称塑性流动。可见塑性流动是位错运动的结果。与黏性流动不同，塑性流动只有当作用力超过固体屈服点时才能产生，其流动服从宾汉（Bingham）型物体的流动规律，$\frac{F}{S}-\tau=\eta\frac{\partial v}{\partial x}$。式中，$\tau$ 是被烧结晶体的极限剪切力。

溶解和沉淀是指在有液相参与的烧结中，两颗粒间的液相利用表面张力把它们拉近拉紧，在两颗粒接触处受到很大的压力，从而显著提高这部分固体在液相中的溶解度。受压部分在液相中溶解，使液相饱和，然后在非受压部位沉淀下来，直至晶体长大和获得致密的烧结体。

（二）影响烧结的因素

1. 烧结温度和烧结时间

高温短时间烧结是制造致密陶瓷材料的好方法，但烧成制度的确定必须综合考虑。烧结温度和熔点的关系，纯物质的烧结温度 T_s 与其熔点 T_m 有如下近似关系：金属粉末 $T_s\approx(0.3\sim0.4)T_m$，无机盐类 $T_s\approx0.57T_m$，硅酸盐类 $T_s\approx(0.8\sim0.9)T_m$。实验表明，物料开始烧结温度常与其质点开始明显迁移的温度一致。

延长烧结时间一般会不同程度地促使烧结完成，但对粘性流动机理的烧结较明显，而对体积扩散和表面扩散机理的烧结影响较小。然而在烧结后期，不合理地延长烧结时间，有时会加剧二次再结晶作用，反而得不到充分致密的制品。

2. 物料的影响

（1）原始粉料粒度的影响：减少物料颗粒度，总表面能增大，会有效加速烧结，这对于扩散和蒸发冷凝机理更突出。

（2）物料活性的影响：烧结是基于在表面张力作用下的物质迁移而实现的，可以通过降低物料粒度来提高活性。但单纯依靠机械粉碎来提高物料分散度是有限度的，并且能量消耗也多。于是发展用化学方法来提高物料活性和加速烧结的工艺，即活性烧结。活性氧化物通常是用其相应的盐类热分解制成的。实践表明，采用不同形式的母盐以及热分解条件，对所得氧化物活性有重要影响。因此，合理选择分解温度很重要，一般对于给定的物料有一个最适宜的热分解温度。温度过高会使结晶度增高、粒径变大、比表面活性下降；温度过低则可能因残留有未分解的母盐而妨碍颗粒的紧密充填和烧结。

（3）添加物的影响：实践证明，少量添加物常会明显改变烧结速度，但对其作用机理的了解还不充分。①与烧结物形成固溶体：两者离子产生的晶格畸变程度越大，越有利于烧结。例：Al_2O_3 中加入 $3\%Cr_2O_3$，可在 1860℃烧结；当加入 $1\%\sim2\%TiO_2$，只需在约 1600℃就能致密化。当添加物能与烧结物形成固溶体时，将使晶格畸变而得到活化。故可降低烧结温度，使扩散和烧结速度增大，这对于形成缺位型或间隙型固溶体尤为强烈。例如在 Al_2O_3 烧结中，通常加入少量 Cr_2O_3 或 TiO_2 促进烧结，就是因为 Cr_2O_3 与 Al_2O_3 中正离子半径相近，能形成连续固溶体。当加入 TiO_2 时，烧结温度可以更低，因为除了 Ti^{4+} 离子与 Cr^{3+} 大小相同，能与 Al_2O_3 固溶外，还由于 Ti^{4+} 离子与 Al^{3+} 电价不同，置换后将伴随有正离子空位产生，而且在高温下 Ti^{4+} 可能转变成半径较大的 Ti^{3+} 从而加剧晶格畸变，使活性更高，能更有效地促进烧结。②阻止晶型转变：有些氧化物在烧结时发生晶型转变并伴有较大体积效应，使烧结致密化发生困难，容易引起坯体开裂。若选用适宜的添加物加以抑制，可促进烧结。例如在 ZrO_2 中加入 $5\%CaO$。③抑制晶粒长大：由于烧结后期晶粒长大，对烧结致密化有重要作用；但若二次再结晶或间断性晶粒长大过快，又会因晶粒变粗、晶界变宽而出现反致密化现象，并影响制品的显微结构。这时，可通过加入能抑制晶粒异常长大的添加物来促进致密化进程。但应指出，由于晶粒成长与烧结的关系较复杂，正常的晶粒长大是有益的，要抑制的只是二次再结晶引起的异常晶粒长大，因此并非抑制晶粒长大的添加物都会有助烧结。④产生液相：在液相中扩散传质阻力小，流动传质速度快，降低烧结温度和提高坯体的致密度。例如，制 $95\%Al_2O_3$ 材料，加入 CaO、SiO_2，当 $CaO：SiO_2＝1$ 时，产生液相在 1540℃即可烧结。已经指出，烧结时若有适当的液相，往往会大大促进颗粒重排和传质过程。添加物的另一作用机理，就在于能在较低温度下产生液相以促进烧结。液相的出现，可能是添加物本身熔点较低，也可能与烧结物形成多元共熔物。但需指出，能促进产生液相的添加物。并不都会促进烧结。例如对 Al_2O_3，即使少量碱金属氧化物也会严重阻碍其烧结。这方面的机理尚不清楚。此外，尚应考虑液相对制品的显微结构及性能的可能影响。因此，合理选择添加物是重要的课题。⑤外加剂（适量）起扩大烧结范围的作用：在锆钛酸铅材料中加入适量 La_2O_3 和 Nb_2O_5，可使烧结范围由 $20\sim40℃$ 增加到 80℃。⑥外加剂与烧结主体形成化合物抑制晶界移动：例如，烧结透明 Al_2O_3 时，加入 MgO 或 MgF_2，形成 $MgAl_2O_4$。

3. 气氛的影响（扩散控制因素、气孔内气体的扩散和溶解能力）

实际生产中常见，有些物料的烧结过程对气体介质十分敏感。气氛不仅影响物料本身的烧结，也会影响各添加物的效果。为此常需进行相应的气氛控制。气氛对烧结的影响是复杂的。同一种气体介质对于不同物料的烧结，往往表现出不同的甚至相反的效果，然而就作用机理而言，不外乎是物理和化学两方面的作用。

物理作用：在烧结后期，坯体中孤立闭气孔逐渐缩小，压力增大，逐步抵消了作为烧结推动力的表面张力作用，烧结趋于缓慢，在通常条件下难达到完全烧结（这时继续致密比除了由气孔表面过剩空位的扩散外，闭气孔中的气体在固体中的溶解和扩散等过程起着重要作用）。

化学作用：主要表现在气体介质与烧结物之间的化学反应。在氧气气氛中，氧被烧结物表面吸附或发生化学作用，使晶体表面形成正离子缺位型的非化学计量化合物，正离子空位增加，扩散和烧结被加速，同时使闭气孔中的氧可能直接进入晶格，并和 O^{2-} 空位一样沿表面进行扩散。故凡是正离子扩散起控制作用的烧结过程，氧气氛和氧分压较高是有利的。

对于 BeO 情况正好相反，水蒸气对 BeO 烧结是十分有害的。因为 BeO 烧结主要按蒸发-冷凝机理进行的，水蒸气的存在会抑制 BeO 的升华作用 BeO（s）＋H_2O（g）→Be$(OH)_2$（g），后者较为稳定。此外，工艺上为了兼顾烧结性和制品性能，有时尚需在不同烧结阶段控制不同气氛。

4. 压力的影响

外压对烧结的影响主要表现在两个方面，生坯成型压力和烧结时的外加压力（热压）。从烧结和固相反应机理容易理解，成形压力增大，坯体中颗粒堆积较紧密，接触面积增大，烧结被加速。与此相比，热压的作用更重要。

三、实验仪器及材料

1. 实验仪器

压片机，XL-1700 高温炉（司阳精密设备上海有限公司）。

2. 材料

ZnO 粉，CuO 粉，6％浓度的 PVA 溶液。

四、实验内容与步骤

1. 配粉造粒：配制 5g 纯 ZnO 粉、含 1％ CuO 的 ZnO 粉、含 2％ CuO 的 ZnO 粉、含 3％ CuO 的 ZnO 粉，分别在研钵里研磨。按每克粉加 1 滴 PVA 溶液的比例加入造粒剂 PVA 溶液，继续研磨直至颗粒均匀。

2. 压片：取适量（0.7g）研磨好的粉体进行压片，压成直径 10mm、厚度 2mm 的片。每个配方的粉体压 4 片。

3. 烧结：设定高温炉升温程序，以 3℃/min 的升温速率从 10℃升温到 1000℃，历时 330min，在 1000℃保温 120min，之后随炉冷却。

4. 观察烧结陶瓷的外观，测量烧结陶瓷的直径和厚度，进行相关分析。

五、数据记录及处理

1. 1000℃烧结温度下，化学成分的改变对陶瓷烧结的影响。

2. 有去胶步骤的烧结工艺和无去胶步骤的烧结工艺各应该注意什么？

六、注意事项

高温炉工作期间应有人值守。

七、思考题

该实验如果从烧结温度和烧结时间来进行改进，应该如何优化工艺参数？

实验 12 低温荧光玻璃烧制实验

一、实验目的

1. 了解荧光玻璃烧制的基本流程。
2. 了解荧光玻璃的分类、组成、原料等基本知识。

二、实验原理

钙钛矿量子点由于具有优异的光学性能，如量子产率高、半峰宽窄、光谱可调等，近年已经成为研究的热门课题，但钙钛矿量子点材料也具有一些缺点，如物理和化学稳定性较差，含有毒的重金属 Pb 元素等，限制了它在实际中的应用。玻璃是非晶无机非金属材料，一般是用多种无机矿物（如石英砂、硼砂、硼酸、重晶石、碳酸钡、石灰石、长石、纯碱等）为主要原料，另外加入少量辅助原料制成的。它的主要成分为二氧化硅和其他氧化物。那么将量子点存在于玻璃网络空隙中，无机玻璃基质可以起到良好的保护作用，大幅提高钙钛矿量子点稳定性，且烧制过程中量子点不被破坏，能在玻璃中析出，此外制备工艺简单、成本低，有极强的可设计性，便于大批量生产。

较低温度（一般 650～850℃）下，原材料经化学反应形成高黏度的液态混合物，后经冷凝、淬火等工艺形成固体玻璃。整个工艺过程涉及干燥、研磨、高温反应、淬火、分相、晶化等知识内容。

三、实验仪器设备

电子天平、研钵、坩埚、球磨机、高温烧结炉。

四、实验内容

1. 自行调研荧光玻璃成分，按目标荧光玻璃组分称量合适的原材料，提供一种全无机钙钛矿量子点玻璃组分供参考。
2. 把称量好的原材料充分研磨干燥（可以使用球磨机，但建议用研钵自行研磨）。
3. 将研磨好的原材料放置在高温氧化铝或铂金坩埚中，放在高温烧结炉中处理（请自行设计合理的温度曲线）。
4. 较低温烧结完毕后，取出坩埚，倒入模具中急冷成固体玻璃，后置于热处理炉中热处理去除应力。
5. 可用部分液态玻璃倒入水中，急冷制备高强度玻璃。

五、思考题

1. 荧光玻璃高温烧制后是否可以缓慢冷却至常温，为什么？
2. 荧光玻璃急冷固化后为什么需要热处理？
3. 请自行调研不同颜色荧光玻璃的组分差别。

六、附录：全无机钙钛矿量子点玻璃组分（表3-3）

表3-3 全无机钙钛矿量子点玻璃组分

组分	SiO_2	$NH_4H_2PO_4$	$SrCO_3$	Al_2O_3	Cs_2CO_3	$PbBr_2$	KBr
质量分数/%	10	80	6	3	15	7.5	15

玻璃基质：$80NH_4H_2PO_4$-$10SiO_2$-$6SrCO_3$-$3Al_2O_3$

网络形成体：P_2O_5、SiO_2

钙钛矿：$15Cs_2CO_3$-$7.5PbBr_2$-$15KBr$

烧结条件：预烧 200℃/1h 700℃/20min

温度曲线：升温速度不得超过 4℃/min；为节省上课时间，可预先升至 200℃；最终反应温度最好不要高于 900℃。

具体实验步骤：

（1）按摩尔比称量，总质量 4g 左右（0.02mol），研磨约 10min 后装入坩埚（碳酸铯放在最后称）。

（2）将坩埚置于马弗炉中预烧，200℃/1h，加盖（可以多个样品一起预烧）。

（3）待马弗炉加热到 700℃，将样品置于炉膛中，加盖，反应 20min。

（4）将玻璃熔体倒入铜模中，淬火，得到透明前驱玻璃。

（5）将前驱玻璃置于马弗炉中热处理（250℃），得到量子点玻璃。

实验 13 发光玻璃荧光性能的表征

一、实验目的

1. 掌握发光玻璃发光的机理。
2. 掌握激发光谱和发射光谱的原理。
3. 掌握激发光谱和发射光谱的测量方法及测试结果分析。

二、实验原理

当紫外或可见光照射到某些物质上时，这些物质就会发射出波长和强度各不相同的光线，停止光照射时，这种光线马上或逐渐消失，这就是荧光。在分子体系中，每个电子能级上都存在振动、转动能层，室温下大多数分子处于基态的最低振动能层，分子吸收辐射后会跃迁到高能级（激发态）。电子处于激发态是不稳定状态，返回基态时，通过辐射跃迁（发光）和无辐射跃迁等方式失去能量，通过辐射跃迁回到基态的能量以光的形式释放为荧光（图3-33）。

荧光分子具有两个特征光谱：激发光谱和发射光谱（荧光光谱）。激发光谱表示不同激发波长下所引起物质发射某一波长荧光的相对效率。固定发射波长（选最大发射波长），然后以不同波长的入射光激发荧光物质，以荧光强度对激发波长作图，即激发光谱。荧光光谱表示在所发射的荧光中各种波长组分的相对强度。将激发光波长固定在 λ_{ex} 处，然后

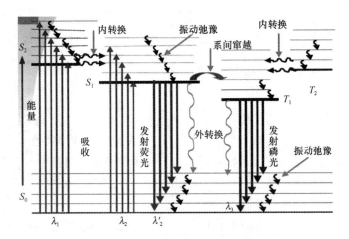

图 3-33　激光发射和发射光谱

对发射光谱扫描，测定各种波长下相应的荧光强度，以荧光强度 F 对发射波长 λ 作图，得发射光谱图（即荧光光谱）。

三、仪器及试样

1. 仪器（图 3-34）

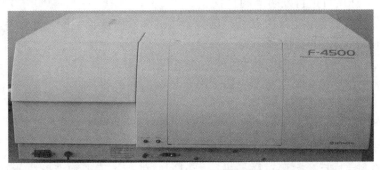

图 3-34　荧光分光光度计

荧光分析仪基本部件（图 3-35）：四个部分：激发光源、样品池、双单色器系统、检

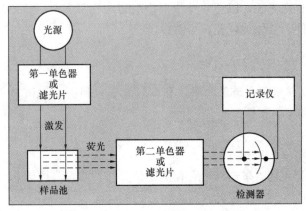

图 3-35　荧光分析仪基本部件示意图

测器；特殊点：有两个单色器，光源与检测器通常成直角。

单色器：选择激发光波长的第一单色器和选择发射光（测量）波长的第二单色器。

光源：氙灯、高压汞灯、激光器（可见与紫外区）。

检测器：光电倍增管。

2. 试样

（1）块状固体：切成规则形状，并进行抛光，使尺寸和光洁度为同一规格；光轴（或X、Y、Z轴）的位置；有自吸收特性的样品要注意其对测试结果的影响。

（2）粉末和微晶：避免混入诸如滤纸纤维、胶水等杂质；样品应尽量保存在不会引入杂质又防潮避光的样品管；强光下不稳定的化合物，注意控制入射光的强度，避免破坏样品；样品一般夹在石英玻璃片里进行测试。

（3）液体：尽量使用透明的玻璃化溶液；挥发性剧毒溶液的测试，一定要有合适的防护；易挥发、易变质的溶液最好现配现测；样品一般放在带盖石英比色皿内。

四、实验内容

1. 开机：先开电源，再开风扇，稳定后开灯源，再开主机，"嘟嘟"连续两声后再开测试软件。

2. 根据吸收谱中感兴趣的峰确定激发波长，选择合适的发射谱波长范围、滤光片、光路狭缝、扫描速度等进行发射谱的扫描。

3. 根据发射谱中峰确定发射波长，选择合适的激发谱波长范围、滤光片、光路狭缝、扫描速度等进行激发谱的扫描。

4. 重复2，3步骤，循环扫描得到理想的光谱图。

5. 保存数据，关闭软件，再关光源，最后关风扇和电源。

五、注意事项

1. 放入样品后，注意关闭样品仓盖，避免入射光露出样品仓。

2. 样品检测完毕后，需要对样品进行专门回收处理，不得随意倒入水池中，避免污染环境。

3. 仪器出现故障，必须请专门人员进行检修。

4. 操作者不能直视光源，以免紫外线损伤眼睛。

5. 遇到突发事件，要先关仪器，再关电闸。

六、实验记录

测试全无机钙钛矿量子点玻璃的激发和发射光谱，利用 Origin 软件将所得数据作图，标记最大激发波长和发射波长。

七、思考题

1. 是否可以用荧光光谱来进行聚合物的定性分析？解释其原因。

2. 荧光物质为什么能产生荧光？

3. 入射光与出射光成多少度角？解释其原因。

实验 14　发光玻璃透光率测定

一、实验目的

1. 了解利用紫外可见分光光度计测定发光玻璃透光率的原理。
2. 学习发光玻璃透光率测定的方法，实际测定发光玻璃样品在不同波长下的透光率。
3. 绘制发光玻璃透光率光谱曲线。

二、实验原理

光线入射玻璃时，一部分光线透过玻璃，一部分则被玻璃吸收和反射，不同性质的玻璃对光线的反应不相同，无色玻璃（如平板玻璃）能大量通过可见光，有色玻璃则只让一种波长的光线过，而其他波长的光线则被吸收。

物质对光的吸收符合朗伯-比尔定律：物质对单色平行光的吸收量与物质的特性、光通过的路径、着色剂的浓度成正比。玻璃的透光性能用透光率或光密度来表示。透光率是通过玻璃的光流强度和投射在玻璃的光流强度的比值来表示（以百分比表示）即 $T = I/I_0 \times 100\%$ 或 $A = -\lg T = -\lg I/I_0$。式中，T 为透光率%，A 为吸光度，I 为通过玻璃的光流强度，I_0 为投射在玻璃上的光流强度。

玻璃的透光率与玻璃的厚度 d 有关，还与着色剂的浓度 c 及该着色剂的吸收系数 K 有关，它们之间的关系为：

$$A = -\lg T = -\lg I/I_0 = Kcl$$

式中，A 为吸光度，描述溶液对光的吸收程度；k 为摩尔吸光系数，单位 $L \cdot mol^{-1} \cdot cm^{-1}$；$l$ 为光通过的路径；c 为溶液的摩尔浓度，单位 $mol \cdot L^{-1}$。

三、实验仪器及材料

1. 实验仪器

紫外可见分光光度计（图 3-36）。

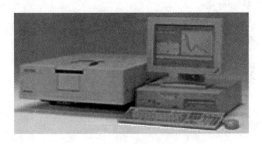

图 3-36　紫外可见分光光度计

基本构造主要由光源、单色器、吸收池、检测器和显示器五大部分组成（图 3-37）。

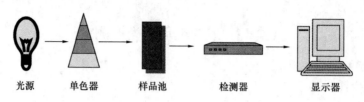

图 3-37　紫外可见分光光度计基本部件

（1）光源

在整个紫外光区或可见光区可以发射连续光谱，具有足够的辐射强度、较好的稳定性、较长的使用寿命。

可见光区常用的光源是钨灯或碘钨灯，波长范围是 350～1000nm。

在紫外区常为氢灯或氘灯，发射的连续波长范围是 180～360nm。

（2）单色器

单色器是将光源辐射的复合光分成单色光的光学装置。它是分光光度计的心脏部分。单色器一般由狭缝、色散元件及透镜系统组成。关键是色散元件，最常见的色散元件是棱镜和光栅。

狭缝：将单色器的散射光切割成单色光。直接关系到仪器的分辨率。狭缝越小，光的单色性越好。分为入射狭缝和出射狭缝。

棱镜：玻璃 350～3200nm，石英 185～4000nm。

光栅：波长范围宽，色散均匀，分辨性能好，使用方便。

（3）吸收池

吸收池是用于盛装试液的装置。吸收材料必须能够透过所测光谱范围的光。一般可见光区使用玻璃吸收池，紫外光区使用石英吸收池。规格有 0.5cm、1.0cm、2.0cm、5.0cm 等。

在高精度的分析测定中（紫外区尤其重要）吸收池要挑选配对，因为吸收池材料的本身吸光特性以及吸收池的光程长度的精度等对分析结果都有影响。

（4）检测器

利用光电效应将透过吸收池的光信号变成可测的电信号，常用的有光电管、光电倍增管、光电二极管、光电摄像管等。

要求灵敏度高、响应时间短、噪声水平低、稳定性好的优点。

（5）显示器

显示器是将监测器输出的信号放大并显示出来的装置。

常用的液晶数字指示窗口和计算控制显示。

2. 材料

不同颜色的荧光玻璃数块。

四、实验步骤

1. 接通电源，预热 20min。

2. 手持试样边缘，将其嵌入弹性夹内，并放入比色皿座内靠单色器一侧，用定位夹固定弹性夹，使其紧靠比色皿座壁。

3. 用调节旋钮选择测量波长。

4. 打开比色皿暗盒盖，调节透光率为"0"。

5. 使比色皿座处于"空气空白校正"位置，轻轻地将比色皿暗箱盖合上，这时暗箱盖将光门挡板打开，光电管受光，调节透光率"100％"。

6. 按 4、5 步骤连续几次调"0"和"100"后无变动，即可进行测定。

7. 将待测试样推入光路，显示器示值即为某波长光下的透过率 T，或吸光度 A，其中 $D = -\lg T$。

8. 在单色光的波长为 360～1000nm 范围内，每隔 20nm 测定颜色玻璃试样吸光度 A。

五、注意事项

1. 参照池和吸收池应是一对经校正好的匹配的吸收池，材料与规格一致。

2. 使用前后应将洗手池洗净，测量时不能用手接触窗口。

3. 比色皿不能用炉子或者火焰干燥，不能加热，否则光程会发生改变。

六、实验记录

测试全无机钙钛矿量子点玻璃的透光率，利用 Origin 软件将所得数据作图，利用朗伯-比尔定律计算吸光度 A。

七、思考与讨论

1. 单色透光率和总透光率有何异同点？说明它们之间的联系？

2. 试样厚度为什么会对透光率有影响？

实验 15　LED 器件的制备与表征

一、实验目的

1. 掌握 LED 器件的制备流程。

2. 了解 LED 器件的表征手段及各项参数。

二、实验原理

市场上白光 LED 通常是用黄色荧光粉作为光转换材料，蓝光 LED 芯片作为激发光源来获得白光，荧光粉一般是均匀分散在硅胶或环氧树脂中。然而硅胶和环氧树脂作为有机材料，在高温中工作一段时间容易出现变黄、老化等问题，使得荧光粉胶的透光率下降，影响 LED 发光性能，如光效下降、色坐标漂移等问题。使用最广泛的蓝光 LED 芯片激发黄色荧光粉得到的白光 LED，由于缺乏红色波段，其显色指数一般较低，通常在 70 以下。采用无机的荧光玻璃材料代替环氧树脂和硅胶来当荧光粉的载体材料则不同。与环氧树脂和硅胶相比，荧光玻璃具有热稳定性好、热导率高和热膨胀系数低等优点，已作为荧光转换材料广泛应用于大功率发光二极管（LED）（图 3-38）。

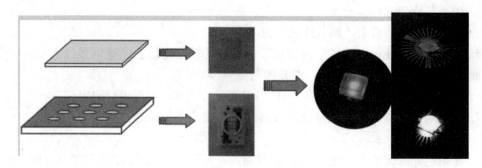

图 3-38　LED 器件的制备

三、实验仪器及试样

1. 实验仪器：万用电表、电源、芯片、支架。
2. 试样：全无机钙钛矿量子点荧光玻璃、固晶胶。

四、实验内容

1. 固晶：指通过使用黏结剂把 LED 芯片黏结在封装支架的指定区域上，黏结的作用包括形成热通量和电通量。目前主流采用的黏结剂包括金属焊膏、纳米银膏和导电银胶等。本实验使用的粘结材料为焊膏。采用倒装芯片，可以缩小封装结构的尺寸，倒装紫外芯片尺寸为 1mm×1mm，峰值波长为 385nm。首先，将待封装的支架清洗从而去除表面灰尘和污染物；之后，在支架中心焊盘上均匀涂覆一层焊膏，用镊子将 LED 芯片夹取并放置在涂有焊膏的焊盘上，使用显微镜检查并确认芯片位于焊盘中央。然后需在回流炉中对整个支架进行回流焊，先升高温度使焊膏熔化，之后降温冷却使焊膏凝固，使芯片与焊盘之间稳固连接。

2. 涂抹硅胶与安装荧光玻璃：硅胶具有两个作用：一是粘接作用，将荧光玻璃与芯片进行封装，二是提高出光效率。首先在芯片和陶瓷基板上涂抹一层 0.5mm 的硅胶，此硅胶具有较高折射率（$n=1.54$）且透光率很好，高于 90%。同时硅胶的折射率位于玻璃（$n=1.50$）和蓝宝石（$n=1.76$）之间，有利于减少因折射率差异大而引起的光损失。以此硅胶作为芯片和荧光玻璃的粘接材料。接着将三基色荧光玻璃放置在硅胶表面，荧光玻璃一侧朝着芯片，在真空室中以 120℃ 固化 60 分钟。最后即可得到结构紧凑的 LED 模组。

五、注意事项

1. 严格把握光点的对齐、参数的调整、机台调试标准等方面的详细要求。
2. 固晶胶烘烤的烤箱必须按工艺要求隔 1h 打开，中间不得随意打开，烤箱不得用作其他用途，防止污染。

六、实验记录

将封装好的 LED 器件拍照，并通电试验是否封装成功。